21世纪普通高等学校数字媒体技术专业规划教材精选

数字媒体——UI设计

孟庆林　主编

刘翠林　蔡爽　孟楠　周彦鹏　编著

清华大学出版社

北　京

内 容 简 介

　　本书全面系统地讲述了 UI 设计过程、原理和方法，详细介绍了常用 UI 元素以及界面设计思路和制作过程，重点讲解了最为热门的手机 App 设计，帮助读者在最短的时间内掌握 UI 界面和 App 界面的设计技巧。

　　本书共 7 章，分为两个部分。第一部分介绍 UI 设计的基础知识，包括 UI 设计的应用、色彩理论和设计技巧以及常用软件等。第二部分介绍使用相关软件制作 UI 的案例，包括不同要素的界面设计、不同风格的游戏界面设计、图标设计、常用图形以及按钮设计等内容。

　　本书可作为高等院校数字媒体、动画、视觉传达等专业的教学用书，也可作为高职高专院校和各类培训机构相关专业的教材以及数字绘画爱好者的参考用书。

本书封面贴有清华大学出版社防伪标签，无标签者不得销售。

版权所有，侵权必究。举报：010-62782989，beiqinquan@tup.tsinghua.edu.cn。

图书在版编目（CIP）数据

　数字媒体：UI 设计/孟庆林主编. --北京：清华大学出版社，2015（2022.1重印）
　21 世纪普通高等学校数字媒体技术专业规划教材精选
　ISBN 978-7-302-41053-9

　Ⅰ．①数…　Ⅱ．①孟…　Ⅲ．①数字技术－多媒体技术－高等学校－教材　Ⅳ．①TP37

　中国版本图书馆 CIP 数据核字(2015)第 173389 号

责任编辑：刘向威
封面设计：文　静
责任校对：徐俊伟
责任印制：丛怀宇

出版发行：清华大学出版社
　　　　　网　　　址：http://www.tup.com.cn，http://www.wqbook.com
　　　　　地　　　址：北京清华大学学研大厦 A 座　　　　　邮　　编：100084
　　　　　社 总 机：010-62770175　　　　　　　　　　　　邮　　购：010-83470235
　　　　　投稿与读者服务：010-62776969，c-service@tup.tsinghua.edu.cn
　　　　　质量反馈：010-62772015，zhiliang@tup.tsinghua.edu.cn
　　　　　课件下载：http://www.tup.com.cn，010-62795954
印 刷 者：北京富博印刷有限公司
装 订 者：北京市密云县京文制本装订厂
经　　销：全国新华书店
开　　本：185mm×260mm　　印　张：19　　　　　　　字　　数：478 千字
版　　次：2015 年 11 月第 1 版　　　　　　　　　　　印　　次：2022 年 1 月第 8 次印刷
印　　数：11001～12000
定　　价：49.00元

产品编号：059912-02

21 世纪普通高等学校数字媒体技术专业规划教材精选

编写委员会成员

（按姓氏笔画排序）

于　萍　　王志军　　王慧芳　　孙富元
朱耀庭　　张洪定　　赵培军　　姬秀娟
桑　婧　　高福成　　常守金　　渠丽岩

序 PREFACE

"国家中长期教育改革和发展规划纲要(2010—2020)"中指出:"中国未来发展、中华民族伟大复兴、关键靠人才,基础在教育。"[1]

以数字媒体、网络技术与文化产业相融合而产生的数字媒体产业,被称为 21 世纪知识经济的核心产业,在世界各地高速成长。新媒体及其技术的迅猛发展,给教育带来了新的挑战。目前我国数字媒体产业人才存在很大缺口,特别是具有专业知识和实践能力的"创新型、实用型、复合型人才紧缺"。[1]

2004 年浙江大学(全国首家)和南开大学滨海学院(全国第二家)率先开设了数字媒体技术专业。迄今,已经有近 200 所院校相继开设了数字媒体类专业。2012 年教育部颁发的最新版高等教育专业目录中,新增了数字媒体技术(含原试办和目录外专业:数字媒体技术和影视艺术技术)和数字媒体艺术(含原试办和目录外专业:数字媒体艺术和数字游戏设计)专业。

面对前所未有的机遇和挑战,建设适应人才需求和新技术发展的学科教学资源(包括纸质、电子教材)的任务迫在眉睫。"21 世纪普通高等学校数字媒体技术专业规划教材精选"编委会在清华大学出版社的大力支持下,面向数字媒体专业技术和数字媒体艺术专业的教学需要,拟建设一套突出数字媒体技术和专业实践能力培养的系列化、立体化教材。这套教材包括数字媒体基础、数字视频、数字图像、数字声音和动画等数字媒体的基本原理和实用技术。

该套教材遵循"能力为重,优化知识结构,强化能力培养"[1]的宗旨,吸纳多所院校资深教师和行业技术人员丰富的教学和项目实践经验,精选理论内容,跟进新技术发展,细化技能训练,力求突出实践性、先进性、立体化的特色。

突出实践性 丛书编写以能力培养为导向,突出专业实践教学内容,为专业实习、课程设计、毕业实践和毕业设计教学提供具体、翔实的实验设计,提供可操作性强的实验指导,适合"探究式"、"任务驱动"等教学模式。

技术先进性 涉及计算机技术、通信技术和信息处理技术的数字媒体技术正在以惊人的速度发展。为适应技术发展趋势,本套丛书密切跟踪新技术,通过传统和网络双重媒介,及时更新教学内容,完成传播新技术、培养学生新技能的使命。

教材立体化 丛书提供配套的纸质教材、电子教案、习题、实验指导和案例,并且在清华大学出版社网站(http://www.tup.com.cn)提供及时更新的数字化教学资源,供师生学习与

---

[1] 国家中长期教育改革和发展规划纲要(2010—2020),教育部,2010.7。

参考。

　　本丛书将为高等院校培养兼具计算机技术、信息传播理论、数字媒体技术和设计管理能力的复合型人才提供教材，为出版、新闻、影视等文化媒体及其他数字媒体软件开发、多媒体信息处理、音视频制作、数字视听等从业人员提供学习参考。

　　希望本丛书的出版能够为提高我国应用型本科人才培养质量，为文化产业输送优秀人才做出贡献。

丛书编委会

2013.5

前言

FOREWORD

随着我国互联网的迅速发展以及应用领域的逐渐拓宽,数字媒体——UI设计逐渐成为了热门的专业和职业。UI设计是一门集多媒体应用、人机交互和视觉设计于一身的综合性学科,对于从事UI设计的读者来说,要设计出美观实用的用户界面,就必须掌握UI设计中所需要的版式设计、色彩搭配、字体设计、图形处理、动画效果等基础知识。

UI即用户界面。从内容上讲,只要是有用户界面的软件设计都属于UI设计。UI设计被细分为三个层面:图形界面设计(GUI设计)、交互设计和用户研究。GUI设计已不再被人理解为单纯意义上的美工,而是理解为了解软件产品、致力于提高用户体验的产品外观设计。好的UI设计是艺术和实用主义的完美结合。作为一名UI设计师,需要学习设计心理学、用户心理学、艺术表现以及美学等多种学科,并根据侧重方向,有针对性地提高设计能力。

本书内容分为7章。第1章为UI概述,主要讲述UI设计的相关概念、功能及发展历程;第2章为UI设计的相关技术及应用,主要介绍UI设计的应用状况及软件技术;第3章为UI设计的创意技巧,主要介绍UI设计的创意思维和训练技法;第4章为UI的色彩设计,主要分析色彩心理、色彩搭配对UI设计的影响。第5章为游戏界面设计,主要讲解3D游戏界面的实例制作。第6章为App界面设计,对这个代表未来的设计方向,本书介绍较多;第7章为手机界面设计,主要介绍手机系统界面的设计实例。

本书由天津商业大学宝德学院孟庆林主编,刘翠林、蔡爽、孟楠、周彦鹏参编。其中第1、2、4、6、7章由孟庆林编写,第3章由刘翠林、孟楠共同编写,第5章由蔡爽编写,全书由孟庆林统稿。

经过不断的努力和积累,本书终于顺利完成。在此,要感谢出版社老师的指导。他们有着丰富的工作经验和广博的学识,对图书编写过程中出现的偏差总是能及时发现,提出有价值的修改意见,为编写工作提供了很大的帮助。同时,书中收录了安炯武、王志冰同学的作品,在此对设计者一并表示感谢。

本书所采用的图片资料,均为所属公司、网站或个人所有,本书引用仅为说明(教学)之用,版权归原作者所有,绝无侵权之意,在此特此声明。因成书时间仓促、作者水平有限,书中难免有错漏与不足之处,敬请广大读者和专家批评指正。

编　者

目 录

CONTENTS

第 1 章

UI概述

本章学习目标

- 了解 UI 设计的相关概念
- 熟悉 UI 设计的发展历程
- 熟练掌握 UI 设计的组成要素

本章首先介绍了 UI 设计的基本知识和设计目的，然后详细讲述了人机界面的发展历程，最后介绍了 UI 设计的组成要素。

现今，随着网络的迅速发展和信息化技术的广泛应用，我们用全新的方式来获取和传播信息。报纸、电视、收音机等传统媒介已无法满足时代需求，各种各样操作简单、方便快捷，基于界面的产品充斥着我们的工作和生活。车载 GPS、电视遥控器、智能手机、平板电脑、银行 ATM 机、实时聊天工具、车站自助购票机、游戏机等电子产品（如图 1-1～图 1-4 所示）覆盖了生活的方方面面，人们通过软件界面来实现与产品间的交互活动，人机之间交互体验也越来越受到广泛的关注和重视。

人机界面的交互方式发生着翻天覆地的变化，从早期的基于字符方式的命令语言式界面，到今天的图形用户界面，人们不再需要记忆大量的命令，而是通过窗口、菜单、按键方便地进行操作。与此同时，用户界面设计不仅需要美观友好的操作界面，还需要研究用户心理，使界面

图 1-1 自动售票机

图 1-2 电视遥控器

图 1-3　车载 GPS

图 1-4　Photoshop 操作界面

变得简洁、舒适、人性化。作为一名设计工作者,敏锐的发现并拓展此领域显得尤为重要。下面将详细介绍用户界面设计的具体内容。

1.1　UI 的概念

1.1.1　什么是 UI

UI(User Interface)直译为用户界面,亦可称为人机界面。人机界面是系统和用户之间进行交互的媒介,是实现信息的内部形式与人类可接受形式之间的转换。主要目的在于使用户能够方便、有效地操作以达成双向交互,完成用户所希望借助界面完成的工作。UI 设计也就是用户界面设计。

在生活中用户界面无处不在,它可以是软件界面、登录界面,也可以是网页界面,无论是手持移动设备还是家用计算机上都有它的身影,如图 1-5～图 1-11 所示。

图 1-5　手机界面

图 1-6　音乐播放器界面

1.1.2　UI 设计的目的

在日常生活中,有没有经历过这些事情:早上醒来时才发现,原本设置好的闹钟没有按时响而导致上班迟到;想冲个热水澡,放了半天水却发现水还是凉的;在加油站刷卡加油,不知为何加油机就是无法识别你的卡;找不到相关的菜单而错误删除了重要的文件;精心准备了烤肉大餐,却因为搞不清烤箱的功能而烤焦了全家的晚餐;购物商店的门怎么推也推不开,是

图 1-7　视频播放器界面

图 1-8　游戏登录界面

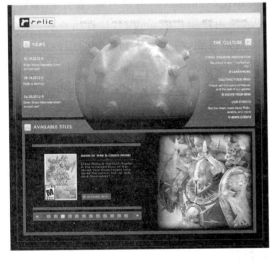

图 1-9　网页界面

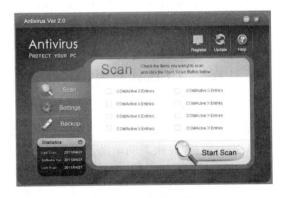

图 1-10　软件界面

不是力量不够？再用力推几下也许就会推开，哦！原来是拉开的啊！本来应该拉的门，你却用手去推；应该推的门则用手去拉？这些操作中的小挫折会令你感到焦躁不安，筋疲力尽，如图 1-12 所示。

图 1-11　微信登录界面

图 1-12　到点没响的闹钟

假如在设计产品的时候多关注些细节，在门上做个推或拉的标示，通过门把手的设计，向用户暗示正确的操作方法，如图1-13所示；在加油机上标明插卡的方式和卡片的朝向；为热水器设置明显的工作指示灯或声音提示等。上面所说的每一件事情都是有可能避免的。

以上的例子说明了产品设计中的一项重要原则：可视性。产品的操作界面要向用户传达出准确的信息。要让用户在操作时，明确看到产品的运转情况，以及与产品之间是否产生了相应的互动。可视性要表现的就是操作意图和实际操作间的匹配，要让用户看到物品间的差异性，才能够让用户知道闹钟的设置是否正确，烤箱的温度控制是否调节得当。

图1-13　推拉门的标示

对于设计者而言，首要的任务便是将产品界面设计得简洁易懂，让用户可以凭直觉直接使用。无论何种产品，都要将用户体验放在首要位置，要让产品的界面美观易懂、操作简单且有引导功能，要使软件界面变得有个性、有品味，还要增加用户操作的愉悦感，拉近用户和产品之间的距离，提高使用效率。简而言之，如果用户在使用中遇到挫折，得不到良好的用户体验，那么他们很可能不会再使用你的产品。假若一款产品的UI设计很糟糕，即便功能再多，也会输掉用户对它的第一眼好感，从而失去很多潜在客户群；功能再强大，用户也无法得知。所以，对于整个产品来说，产品的UI设计是其重要的组成部分。

1.1.3　UI设计的现状与展望

在漫长的软件发展中，界面设计工作一直没有被重视起来。人们对于UI的认识也仅仅停留在表面的层次上，缺乏对内涵的发掘，绝大多数人仍然认为软件产品的开发技术是核心，而UI设计仅仅是次要的辅助。这是因为以产品为主的设计思想还没有转到以人为本的设计思想上来，UI设计的真正价值自然就会被忽视，而这也是UI设计发展的一个必经阶段。相比之下，国外的UI设计经过几十年的发展已经相对成熟。

时过境迁，随着计算机硬件飞速发展，许多企业发现仅靠先进的技术是不足以立足市场的，交互界面的优劣直接影响着产品在市场上的表现。越来越多的公司开始重视自身产品的UI设计，并将用户体验上升到一个新的层次，UI设计开始被提升到一个新的高度。

正如前文所讲，UI设计是一个跨学科、具有很强综合性的设计领域。图形设计师、交互设计师、用户体验设计师等都可以统称为UI设计师。只是这些角色在UI设计领域中有着不同的侧重点和特长，所以作为一名从业人员，需要具备跨学科、综合性的理论素养和实际操作能力。作为即将踏入或正在从事该领域的人来说，应根据不同的工作方向，有针对性地提高自己的设计能力，为自己打下坚实的设计基础，这样才能在未来的工作中立于不败之地。

1.2　关于UI，你知道多少

在计算机发展的初期，它被认为是扩展人的大脑、眼、手等的一种工具，因此它仍然受人的支配、操纵和管理。人与计算机之间只能是以命令行和询问的方式进行相互间的通信，即所谓的人机交互。对于一般用户来说，早期的命令语言界面操作起来容易出错，而且需要用户记忆大量的命令，不直观而且难以学习，这本身就不是以人为本的设计，因此这一时期被称为是人机对峙时期。

随着硬件技术的发展以及计算机图形学、软件工程、窗口系统等软件技术的进步,一种采用图形方式显示的用户操作界面(Graphical User Interface,GUI)应运而生。

GUI 这一概念是 20 世纪 70 年代由施乐公司帕洛阿尔托研究中心提出的,与早期计算机使用的命令行界面相比,图形用户界面对用户来说在视觉上更易于接受。从 1973 年第一代图形用户界面到今天的 Macintosh、Windows 8 等,图形用户界面已经走过了 40 多年的发展历程。这种面向客户的系统工程设计目的是优化产品的性能,使操作更人性化,减轻使用者的认知负担,使其更适合用户的操作需求,直接提升产品的市场竞争力。

1. Alto

1973 年 4 月,Xerox PARC(施乐公司帕洛阿尔托研究中心)研发出了第一台使用 Alto 操作系统的个人计算机,首次将所有的元素都集中到现代图形用户界面中,建构了 WIMP(也就是窗口、图标、菜单和点选器/下拉菜单)的范例,如图 1-14 所示。

2. Intuition

1985 年,Amiga 公司研究了一款运用 GUI 的计算机——Intuition。一经发布就引领时代潮流,它包括了高色彩图形、立体声、多任务运行等特点,这使得它成为一款极好的适合多媒体应用和游戏的机器,如图 1-15 所示。

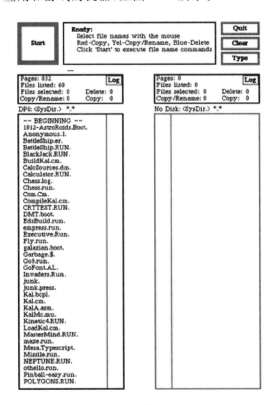

图 1-14 Alto 操作系统图形界面

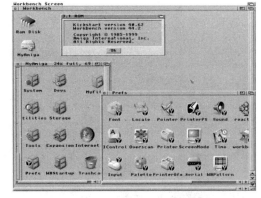

图 1-15 Intuition 计算机图形界面

3. NeXTStep

1985 年,被苹果公司辞退的史蒂夫·乔布斯创立了 NeXT 软件公司。NeXT 在图形界面技术上取得了进一步的突破,世界上第一个 Web 浏览器就是由 NeXT 公司设计的。NeXT 创新的面向对象操作系统——NeXTStep,以及它的开发环境,对日后的计算机产业有着深远的影响,如图 1-16 所示。

4. Windows 95

1995 年 8 月 24 日,微软发布了 Windows 95 操作系统,对图形用户界面进行了重新设计,首次在每个窗口上都添加了一个小小的关闭按钮,著名的"开始"按钮也首次出现。这对于微软操作系统本身和统一的图形用户界面而言,都是一个巨大的进步,如图 1-17 所示。

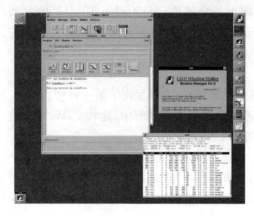

图 1-16　NeXTStep 操作系统图形界面　　　　图 1-17　Windows 95 操作系统图形界面

5. Mac OS X

2000 年 1 月 5 日,苹果公司宣布他们设计出了全新的 Aqua 界面,并将用于公司新推出的 Mac OS X 操作系统中。在此界面中,默认的 32×32 和 48×48 的图标被更大的 128×128 平滑半透明图标取代。Dock 栏上放置了常用的程序图标,鼠标经过时会显示程序名称。Aqua 界面最大的变化是包含了渐变、背景样式、动画和透明度的应用,有着更好的用户体验,如图 1-18 所示。

6. Windows XP

2001 年,微软发布了拥有全新用户界面的 Windows XP 操作系统。每一次微软推出重要的操作系统版本,其 GUI 也必定有巨大的改变,该界面支持更换皮肤,用户可以改变整个界面的外观和感觉,默认图标为 48×48,支持数百万种颜色,如图 1-19 所示。

图 1-18　Mac OS X 操作系统图形界面　　　　图 1-19　Windows XP 操作系统图形界面

7. Windows Vista

2007 年初,微软做出了十年来最大的内核改动。那就是 Windows Vista。这款操作系统包含了很多 3D 效果和动画,其中较特别的是新版的图形用户界面和称为 Windows Aero 的全新界面风格,如图 1-20 所示。

8. Mac OS X Leopard

2007 年 10 月,苹果公司发布了第 6 代 Mac OS X 操作系统 Mac OS X Leopard,再一次改进了用户界面,引入了更好的 3D 元素和更多的动画效果,如图 1-21 所示。

图 1-20　Windows Vista 操作系统图形界面　　　　图 1-21　Mac OS X Leopard 操作系统图形界面

9. KDE V4

2009 年 KDE V4 的发布为 GUI 加入了很多新的东西,如动画、高效、平滑的窗体管理。图标外观更加逼真,每一个设计元素都可以轻松配置,而且现在它还可以在 Windows 和 Mac OS X 上运行,如图 1-22 所示。

10. Android

Android 是一种基于 Linux 的自由及开放源代码的操作系统,如图 1-23 所示,主要用于移动设备,如智能手机和平板电脑。由于 Android 系统的开放性,使其能够在其他领域推出各具特色的多种产品,如数码相机、智能电视、平板电脑、可穿戴设备等。

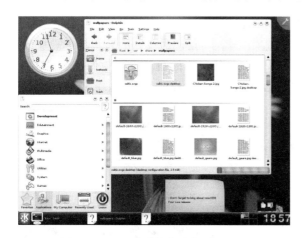

图 1-22　KDE V4 操作系统图形界面　　　　图 1-23　Android 4.0 操作系统图形界面

11. iOS

iOS 是由苹果公司开发的移动设备操作系统。苹果公司于 2007 年 1 月 9 日公布了这个系统,最初是设计给 iPhone 使用的,后来陆续套用到 iPod Touch、iPad 以及 Apple TV 等产品上。其简单易用的界面、令人惊叹的功能和深入核心的安全性,令其成为 iPhone、iPad 和 iPod Touch 的强大基础。它有着漂亮的外观,不但可漂亮地工作,甚至连最简单的任务,做起来也更引人入胜,如图 1-24 所示。

12. Windows 8

2012 年 10 月 26 日,微软公司推出具有革命性变化的操作系统 Windows 8。作为打通从 PC 到 WP 以及平板电脑间的基础架构,Windows 8 大幅改变以往的操作逻辑,在用户体验和高效办公等方面有了很大的进步,如图 1-25 所示。

图 1-24　iOS 操作系统图形界面

图 1-25　Windows 8 操作系统图形界面

1.3　UI 设计的方向

1.3.1　用户研究

以用户为中心的设计(User-Centered Design,UCD)是一种设计产品、系统或服务的思想。简单说来就是:用户知道什么最好。若要设计出简单易用的 UI 界面,必须对用户群有所了解。不同的用户阶层对不同的设计有着不同的理解,找出用户的偏好,满足最终用户和直接用户的需求,这样才能创造出一个能达成用户目标的优秀界面。

对任何产品来说,了解用户的真实需求和创造用户需求,是产品设计的第一步。需求分析是对于用户目标、需求和能力的系统研究,可以帮助企业从用户的角度发掘他们潜在的需求,为产品设计提供客观的依据和方向,使产品更符合用户的习惯、经验和期待,帮助用户更好的工作和生活。以用户为核心,永远不是一句空话,如图 1-26 所示。

人们渐渐明白,设计要以人为本。在人们的生活中,衣、食、住、行处处都离不开设计。要实现以人为本的交互产品,就应在产品开发初期,了解用户的工作性质、工作流程、工作环境,以及认知心理等特征,挖掘出用户对产品的需求和希望,将用户的实际需求作为产品设计的导向,以用户的眼光来严格对待自己的产品。通过对用户需求的了解,可以将用户需要的功能设计得有用、易用,让产品更符合用户的习

图 1-26　用户研究

惯、经验和期待。

一把钥匙开一把锁，不同类别的用户关注的地方会有所差异，需求也会不同。针对不同的用户，要选择和运用不同研究方法。通过情境访谈、问卷统计与分析、卡片分类、焦点小组、纸面原型、参与式设计、眼动分析、任务分析、头脑风暴等多种方法去分析和研究，以用户为起点，将研究的结果贯彻到设计过程中。

1. 情境访谈

情境访谈(Context Interview)是一种访谈者与受访者面对面的交流行为。做为一种用户研究方法，通过向用户询问、倾听、观察去收集用户关注点以及用户更深层次的需求等诸方面数据，以揭示受访者对某一问题的潜在动机、态度和情感。受访者通常是在自己的工作地点、生活情境下接受专门采访，它没有实验室测试正式，也不需要任何的脚本和任务，对于受访者来说这种方式较为轻松自然，受研究人员的干扰影响也会微乎其微，如图 1-27 所示。

在访谈过程中，为了获取用户最真实最精确的数据信息，最大限度地保证调研数据的准确性，应遵循相关策略和技巧，做好以下几方面工作。

1) 确定访谈用户

知己知彼，百战百胜。在访谈之前，必须进行系统规划。首先要将用户群体细分化，了解目标用户的背景信息，巧妙地选择受访用户。对用户的数量、性别比例、年龄构成、从事行业

图 1-27　情境访谈

等背景进行多元化、有针对性地选择。例如，目标用户是 25～35 岁之间、年收入在 5000～10 000 元之间的白领女性。

2) 制定访谈计划

根据之前选定的访谈用户，制定相关访谈计划。在开展访谈之前，需要将访谈议程、访谈地点、访谈时间、人员安排等做详细制定。确定谈话的中心话题、提问重点。每个问题的表述要简明扼要，要让受访用户一听就明白。

下面是一个基本的用户访谈的表格数据模版，供大家参考。

访谈目的：了解女性群体的消费需求，诸如打折信息、服饰时尚等生活信息。

访谈准备：背景资料收集，公司基本情况、员工档案、女性员工的稳定性等情况。

组建访谈团队，团队成员需要来自多个不同部门，可以是产品研发部门、市场部、人事、财务等。开展访谈之前，小组成员需要提前进行讨论，讨论访谈的议程，规定时间，分层组织主题和其他注意事项：费用预算，准备录音笔、记录本。

访谈过程：一个轻松的开场白，可以使受访者自然放松，更容易表现出真实的自己。可借助访谈指南或提纲，根据具体情况适当调整访谈气氛，拉近和受访者的距离。同时要注意把控访谈时间。

访谈结束：整理访谈用户记录，包括照片、各项材料、用户数据等，以表格形式记录，如表 1-1 所示。

表 1-1　访谈记录表

时间	地点	访谈部门	受访者	职责描述	责任人
2014-5-29	某公司	人力资源部	王某		
		项目部	杨某		

3）掌握访谈技巧

（1）善于倾听和观察

耐心的倾听是建立良好气氛的关键，倾听时将注意力始终集中在与用户的沟通上，使受访者感受到你的真挚和坦诚。观察用户的每一个细节，用户表达出来的想法和语言中所流露的情绪都需要加以关注。

（2）避免照本宣科

访谈的过程是一种比较随意的谈话过程，可以事先有个访谈提纲，提纲中的问题顺序若在访问过程中产生偏差，可做适当调整，一定不能照本宣科。尽量避免是非题（即"是"或"否"的问题）的提问方式，让用户以自发的形式进行谈话，避免受访者产生被审问的感觉。

（3）避免喧宾夺主

访谈中要注意用户的表达方式，有些用户表达时没有重点或表达时出现错误，要适当提醒。对于过于强势的用户，就必须把握好访谈时间，既要允许他们自由发挥，又要牢记访谈的目的，避免用户跑题。

（4）提出问题更重要

尊重用户多样化的提问和假设，通过访谈来分享用户的想法。解决问题的事情还是留给自己，毕竟你才是设计师。

（5）不要打断用户讲话

访谈过程中频繁打断用户讲话，往往不容易掌握客户全面的观点，甚至会遗漏或歪曲客户的意思。可待用户表述完整后再表达自己的建议和意见。

（6）不要使用诱导性的问题。如："您觉得这个界面很好，是吗？"。

（7）访谈人员要和受访者建立一种师徒关系，你是徒弟，受访者是师傅。

（8）使用礼貌的语言和音量，保证访谈过程能够沟通流畅。

2. 问卷调查

问卷调查（Questionnaire Survey）在用户研究工作中使用的频率非常高，它是以书面的形式向被访者提出问题来进行资料搜集的一种研究方法，是调查活动中最常采用的一种形式。问卷调查可以了解人们对产品的认识程度和喜好程度，收集的数据可以用来进行统计分析。调查者运用统一设计的问卷，向被选取的调查对象征询意见，从而了解现有或潜在的需求和意见。它具有省时、省力、高效、客观、真实、易统计、保密性高等特点。问卷调查根据传递方法的不同，可分为以下几种。

报刊问卷调查：在报纸或刊物上刊印问卷，随报刊发行至读者手中，请读者对问卷做出书面形式的填答，并在规定时间内按指定地址寄回。

邮寄问卷调查：向被选定的调查对象邮寄问卷。并请被调查者按规定要求填写后寄还给调查者。

送发问卷调查：调研人员将问卷直接送达至某一区域的被调查者手中，填写完毕后实时收回问卷。

电话问卷调查：调查者通过电话，向被访者提出问题，从而达到收集资料的目的。

网络问卷调查：将调研数据以电子问卷的形式，通过网络发送至被访者手中，由被访者填写后发回，属于在线调查的一种。与传统调查方法相比，在线问卷调查具有快速、经济、调查范围广、主观偏见少等特点。

问卷设计是问卷调查过程中至关重要的一环。一份完美的问卷设计决定了问卷的回复率、有效率和回答质量。因此，设计出一份科学的、高质量的问卷，在问卷调查中具有重要意义。

1）问卷设计的基本结构

问卷的基本结构一般分为四个部分：前言、指导语、问题与答案、结语。

前言：介绍问卷调查者的机构或组织名称、问卷调查的目的、意义、主要内容以及向被调查者表示感谢。

指导语：填写问卷方法的各种解释和说明。

问题与答案：问题和答案是问卷的主要组成部分。按照形式的不同可分为开放型问题、封闭型问题和混合型问题。

结语：在问卷的结尾，用简短的致谢来结束调查，并提醒被调查者审核问卷，看看是否有遗漏、填错之处。也可征询被调查者对问卷调查本身的看法。例如，在问卷的最后面，设置这样一组问题：

您认为 XX 软件界面需要改进和提升的地方有？可详细论述。（500 字以内）

```

```

您填答完这份问卷后有何感想？

（a）很有意义　　　（b）可能有些用处　　　（c）没有意义　　　（d）不清楚

您对问卷有什么建议和要求？

```

```

2）问卷设计的基本原则

设计一份标准的、有效的问卷应遵循以下原则：

- 问题内容要与调查目的紧密相联。
- 问卷应具有整体性和统一性，问题与问题之间应前后呼应。
- 问题的表述要尽量简单，清晰明确，不要提出抽象的、笼统的问题以及专业术语。

- 问题的内容应具有单一性,避免多重含义。
- 问题的表述要客观,不能带有暗示性或引导性语言。
- 不要问被调查者难以回答的问题。
- 不要用否定句形式表述问题。
- 避免出现权威性、标志性的人或机构的名称。对于敏感性问题采取特殊处理。

3) 问卷的问题形式

问题的设计是问卷最核心的部分,不同类型的问题,所获取的信息也各不相同。从指向性来说,可以将问题类型分成两大类:开放式问题与封闭式问题。

（1）开放式问题

开放式问题,是指在设计问卷时只提出问题,而答案由被调查者用自己的话去自由填写,最大限度地发挥被调查者的主动性和创造性。

由于被调查者在回答此类型问题时不受任何限制,所得到的答案也会林林总总,参差不齐。虽然这样的问题设计起来比较简单,但对于调查者来说,在整理结果和综合分析时要比其他形式更加困难。所以开放式问题通常在项目的摸索阶段,或对答案不确定的情况下使用。例如:

您对用手机支付类软件取代传统支付方式有何看法?

_____

_____

_____

（2）封闭式问题

封闭式问题,是相对于开放式问题而言的。其问题的形式多以选项为主,即调查者在提出问题的同时,将问题的几种主要答案全部列出,被调查者只能从中选取一个或多个自己认同的答案。填写方便、省时省力、答案标准化程度高是封闭式问题的最大优势。封闭式问题的形式有很多,常用的提问形式有以下几种:

① 是否式

如:您是否使用智能手机?（是/否）

② 填空式

如:您目前使用的手机中,有_____个娱乐类的 App?

③ 多项选择式

如:您下载一款手机 App 应用的原因是?

A. 使用需要　　　　B. 他人推荐　　　　　C. 广告宣传　　　　D. 偶然试用

④ 多项限选式

如:您对何种类型的手机应用软件比较感兴趣?（可任选 3 项）

A. 社交应用类（微博、人人网等）

B. 生活消费类（去哪儿、团购大全等）

C. 拍摄美化类（美图秀秀、百度魔图等）

D. 通话通讯类（掌上宝、来电通等）

E. 网页浏览类（百度浏览器、QQ 浏览器等）

F. 系统工具类（手机助手、360 手机卫士等）

G. 办公阅读类（名片全能王、清单小助理等）

⑤ 多项排序式

如：在挑选一款手机时，您比较看重下列哪些因素？（按照重要的次序在括号内输入1、2、3、4…等序号）

（　）功能丰富多样

（　）外观时尚个性

（　）配置高价格低

（　）售后服务

（　）品牌认知度

（　）续航能力出众

（　）娱乐功能强大

（　）其他

⑥ 等级式

如：请问您对以下说法的意见："年轻人购买价格昂贵智能手机时，更多的是为了满足虚荣心而非实际需要"。（请按照您的看法在下列括号内打√）

（　）非常赞成　　　（　）赞成　　　（　）无所谓　　　（　）反对　　　（　）非常反对

⑦ 矩阵式

如：您希望现有的主流手机在哪些方面需要改善？（请在适当方框内打√）

（a）布局设计　　　非常需要□　比较需要□　不太需要□　不需要□　无所谓□

（b）质感设计　　　非常需要□　比较需要□　不太需要□　不需要□　无所谓□

（c）色彩设计　　　非常需要□　比较需要□　不太需要□　不需要□　无所谓□

（d）文字设计　　　非常需要□　比较需要□　不太需要□　不需要□　无所谓□

⑧ 表格式

如：您希望现有的主流手机在哪些方面需要改善？（请在适当方框内打√）

	非常需要	比较需要	不太需要	不需要	无所谓
（a）布局设计					
（b）质感设计					
（c）色彩设计					
（d）文字设计					

3. 卡片分类

卡片分类（Card Sorting）是信息架构常用的方法，主要用来理解用户如何组织信息与概念。它需要设计者对目标产品内在的信息进行整体考虑，选择出具有代表性的元素，并将这些信息元素用易于理解的语言，准确而简练地逐一表达出来，由用户代表（从业人员、目标用户、最终使用者）经过相互讨论后将相似项目的卡片进行归类。如图1-28、图1-29所示。

卡片分类法最大的好处就是能够亲自看到参与者的讨论，其次便是得到实际的分组和卡片的摆放情况。可以使用真实的卡片、纸片或在线卡片测试，来决定哪些项目应该显示组合在一起；应该如何组织和标记菜单内容等。卡片分类有助于深入地了解用户的期望，帮助用户更容易地找到他们需要的信息，从而有效地提升产品的用户体验。当所有卡片分类完毕后，记得感谢所有参与者付出的时间，然后把所有卡片拿回来将细节再进行一次分类。

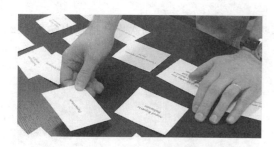

图 1-28　卡片分类示例 1

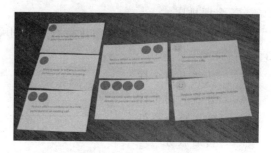

图 1-29　卡片分类示例 2

在进行卡片分类测试前,你需要准备以下材料:

1) 设定卡片内容

卡片内容要覆盖研究对象的整体内容,并且卡片内容的分配应与研究对象各方面信息的分布相符。内容的来源则取决于项目的发展进度:是从头开始的新项目,还是对现有的信息集合进行重新设计,或是对升级完善的内容进行验证。研究人员运用卡片分类法,将研究内容做成卡片的形式,并用简洁的语言进行描述,然后让用户独立对卡片进行分类。无论是何种卡片,都要对研究对象的整体进行分类,以期从分类活动中获取理想的结果。可以通过以下几方面进行。

尽量选择能够进行归类的内容,每项内容间必须足够相似,要有一些容易分组的信息,让参与者稍有成就感,有信心进行难度更大的分组。

内容的选择应具有代表性。

不要把内容和功能混合在一起。

选择参与者能够理解的说法和概念。根据参与人员的类型来选取相应的卡片内容。

2) 挑选参与者

为了确保采集的信息真实有效,参与测试的人员最好是与产品设计不相关的人。可以通过身边的朋友、同事、熟人等,看他们是否认识符合产品用户特征的人。或者通过网络、广播等媒介邀请尽量多的参与者,以便获得更广泛的答案。

对于参与活动人数的问题,要根据你所希望了解的内容进行选择。邀请的人越多,得到的有效数据就越多。当然,过多的参与者不仅是一种资源浪费,而且分析起来会更难。为了获取高质量的结果,测试用户的数量最好根据问题域的复杂程度和卡片数量的多少进行选择。在测试中,按照人员的不同,将参与者分成不同小组,每个小组的人数最好在 3~6 个之间,三个人能有很好的协作,可以听取彼此的想法。人数过少的话,参与测试的人员之间不易产生讨论,而人数过多则会让讨论变得混乱,场面不易控制。

3) 准备测试卡片

卡片的准备是进行测试的关键,合理的测试卡片会使整个过程顺利进行,并且获取的结果也容易分析和演绎。对于卡片的形式没有硬性要求,可以是实体的卡片,也可以是基于软件的电子卡片。

你可以使用任何材质的纸张来制作卡片。根据测试内容的多少,来决定卡片的类别和数量。若信息条目较多,还可适当采用大一些厚一点不容易弄坏的卡片。当然你也可以直接使用商店出售的便利贴,如图 1-30 所示。

无论哪种材质的卡片都要保证尺寸大小相同。卡片上的内容应尽量准确而简练,使参与者能够在短时间内对测试主题做出正确的判断。必要时,可在卡片的下面或背面写上简短的描述来解释卡片上的信息。除了用作测试的卡片之外,还要准备一些空白卡片和笔,以备参与者提出建议等。需要注意的是,每次测试的卡片数量尽量保持在 100 张以内,过多的卡片会加重参与者的疲劳感,从而直接影响数据的可靠性。如果试验确实需要更多的卡片才能有效覆盖研究对象的内容,那么在测试中要安排休息时间,或分批次进行测试。

当然,如果测试的资料过于庞大,你也可以借用软件工具进行分析。软件卡片分类更有利于邀请远程人员参与,并且可直接将收集的数据自动输入到电脑中。推荐的工具有OptimalSort、CardZort、WebSort 等。

OptimalSort Workshop 是一个基于浏览器的在线卡片分类工具。用户可以通过软件配置出任何你所需要的选项和问题的卡片,并通过电子邮件发送至参与者手中。它适用于开放式卡片分类和封闭式卡片分类。对于测试结果可直接下载并与客户分享,如图 1-31 所示。

图 1-30　测试卡片

图 1-31　Optomal Workshop 分类工具

xSort 是适用于 Mac OS 系统的一个免费卡片分类工具。它使用的是拖放式的空间界面,能够对统计结果(集群树、距离表等)进行实时更新,适用于开放式卡片分类和封闭式卡片分类,如图 1-32 所示。

WebSort 是另一个基于浏览器的在线卡片分类工具。它使用的也是拖放的空间界面,而且可以在卡片中插入图像信息。WebSort 适合于开放式卡片分类和封闭式卡片分类,如图 1-33 所示。

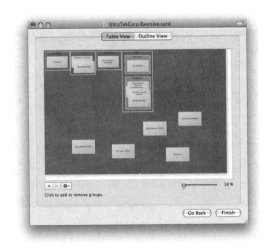

图 1-32　xSort 分类工具

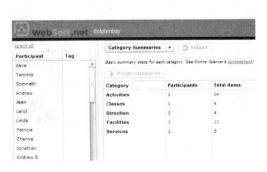

图 1-33　WebSort 分类工具

总之,卡片分类法是一种简单、可靠、快捷的方法。这种低成本高效率的用户研究,能够在设计之初(或重新设计)帮助人们捕捉产品设计所需要解决和考虑的问题,最终让产品变得简单易用,使用户接受。

4. 纸上原型

纸上原型(Paper Prototyping)是一种低保真的原型设计方法,它应用于交互产品设计的初始阶段。纸上原型可以用于任何类型的人机界面软件,如网站界面、Web应用程序、手持设备,甚至是硬件等。纸上原型可帮助开发人员快速构建产品原型,以可视化的形式展现给用户,对用户界面的可塑性进行测试和修改,得到更多、更好的用户反馈。同时还可培养团队中每个人的协作能力,加强成员之间的交流,如图1-34和图1-35所示。

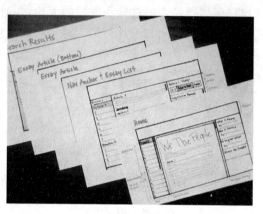

图 1-34　纸上原型制作过程　　　　图 1-35　纸上原型效果图

纸上原型所使用的物品大多可以从常用的办公用品(如纸、笔、剪刀、胶水、打印机)中获得。可以通过手绘或者界面图打印稿相互配合使用,模拟纸面即为屏幕,手指即为鼠标,如图1-36所示。

所要做的就是将产品的初期构思画在纸上,将它们展现在用户面前,就好像他们真正面对屏幕。纸上原型通常是由一个背景卡片和若干个小元素卡片组成,用来显示不同的导航、对话框和窗口元素等,如图1-37和图1-38所示。

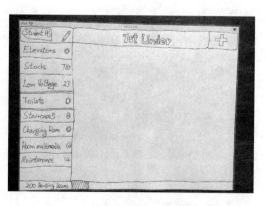

图 1-36　纸上原型工具　　　　　　图 1-37　初期构思草图

进行测试时,研究人员通过控制纸片来仿真"软件"的运行,对用户的点击和按键操作给出相应的反馈,通过交替与重组纸片来展现不同的界面,以达到仿真产品交互的目的。例如,如果用户想打开某个窗口,会触碰菜单栏的"文件"按钮。"软件"会将文件菜单的纸条放上去。用户若是单击"打开"选项,"软件"则要展示打开对话框,如图 1-39 所示。

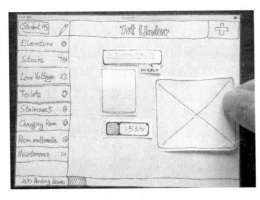

图 1-38 初期构思草图附加纸上原型

图 1-39 测试人员仿真"软件"运行

这种在纸上手绘或卡片组合拼凑的简易操作模式,远比使用绘图软件更加便捷。当然,没有一种技术是完美的。对于构建快,易修改的纸上原型来说,在可用性测试方面也存在着以下弊端。

纸上原型的精度较低,很难展现产品的整体气质和交互细节。

在纸面上很难体现界面中可能出现的动态元素,如声音、视频、动画等。

纸上原型的素材和工具不易保存。

进行可用性测试时,需要付出一定的人力去操纵纸片来模仿"软件"所提供的反馈,其成本的投入远大于软件原型工具。

所以,最佳的方法是将软件原型和纸上原型相互结合,既可以快速而高效地创建低保真原型,又可以通过软件实现一些复杂的交互方式。典型的软件原型工具有以下几种。

(1)Balsamiq Mockups

这是一款优秀的网站产品原型设计工具,它真正抓住了原型设计的核心与平衡点,既能快速设计草图,又能较好地融入产品的工作流程。该软件预置了许多界面元素,从简单的输入框、下拉列表、浏览器主要元素,到常用的导航条、日历、表格,甚至包括了最流行的 iPhone 元素。其 UI 控件支持自动拖曳,并且可以实现自动对齐,大大缩短了设计者的操作流程。Balsamiq Mockups 能够在不同浏览器,不同操作系统平台下完美运行,可以在线使用,亦可离线使用,能够很顺利地将其安装在 Windows 7、FreeBSD、Ubuntu 等系统,高效率地完成一个案例,如图 1-40 和图 1-41 所示。

图 1-40 Balsamiq Mockups 的界面元素

图 1-41 Balsamiq Mockups 的操作界面

（2）AxureRP

AxureRP 是美国 AxureSoftwareSolution 公司的旗舰产品,是一个让负责定义需求和规格、设计功能和界面的专家快速创建应用软件或 Web 网站线框图、原型、规格说明书的专业快速原型设计工具。AxureRP 所针对的专家包括用户体验设计师、交互设计师、业务分析师、信息架构师、可用性专家和产品经理。它可以高效地设计完整的产品原型,快速绘制线框图、流程图、网站架构图、示意图、HTML 模版等元素。将产品完整地表述给各方面设计人员,并向用户进行演示、沟通交流以确认用户需求。AxureRP 有丰富的脚本模式,可以通过点击和选择,快速完成界面元素的设计,使 AxureRP 能够生成十分接近于真实产品的原型,如图 1-42 和图 1-43 所示。

图 1-42 AxureRP 设计界面

图 1-43 AxureRP 完成的原型设计

（3）OmniGraffle Pro

OmniGraffle Pro 是由 The Omni Group 制作的一款绘图软件,它只运行在 Mac OS 和 iPad 平台上。OmniGraffle 可以用来绘制图表、流程图、组织结构图以及插图,也可以用来组织头脑中思考的信息,组织头脑风暴的结果、绘制心智图、作为样式管理器、设计网页或 PDF 文件的原型。OmniGraffle 软件界面非常的漂亮,并且具有大量优秀美观的模具提供使用。可以通过 Graffletopia 网站下载模具,网站中提供了众多设计精美的模板,不仅有常见的网络、软件流程、电路等类别,甚至还有 UCD 相关的模板。与此同时,还可以根据需要在模板上进行修改或编辑。无论是专业人员还是新手,都可以通过 OmniGraffle 快速准确地绘制出产品流程和原型,不仅显著提升工作效率,也使得产出物与众不同! 如图 1-44 和图 1-45 所示。

图 1-44 OmniGraffle Pro 的软件界面

图 1-45 OmniGraffle Pro 模具下载界面

（4）Prototyping on Paper

Prototyping on Paper（POP）是一款基于 iOS 系统的移动 App 原型设计工具。借助 POP，只需要在纸上简单地描绘出创意或草图，用手机将绘制的草图拍下来并按顺序放置，利用链接点临摹出各张图片之间的逻辑关系，通过 POP 内嵌的交互动作如侧滑、展开、消失等，即可轻松创建一个动态模型。还可通过 Twitter、Facebook 和电子邮件等方式将这个凝聚创意的动态模型与好友分享。这种在移动设备上直接演示 App 原型的功能，对于仿真用户真实体验，展示设计亮点都有很大帮助，如图 1-46 和图 1-47 所示。

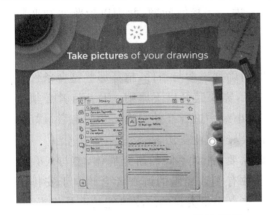

图 1-46　Prototyping on Paper 设计草图　　　图 1-47　Prototyping on Paper 分享模型

5. 焦点小组

焦点小组（Focus group）作为一种通过深入询问来了解受众的方法，是市场调研中非常实用和有效的定性研究技术。它由用户研究人员召集若干名具有一定特性的用户，以小组座谈会的形式在一起讨论新的概念，摸清一些问题，讨论时间一般在两个小时左右。在讨论过程中，成员的发言将用来提示或验证研究人员的想法。研究人员通过多种交流技巧引导讨论的内容，尽可能保证所有参与者都能以相等的机会对主题进行充分详尽的表述，如图 1-48 所示。

焦点小组法适用于了解用户对某些问题的一般看法和反映，还能解答抽样调查中所无法回答的"为什么"的问题，捕捉的信息还具有一对一交流中所不具备的特殊深度。正因如此，焦点小组法是定性研究方法中使用频率最高的。焦点小组法具有以下特点。

图 1-48　小组讨论

（1）相对于个人访谈来说，焦点小组讨论能够使研究者在一次会议中，迅速汇集更加广泛的信息、见识和意见。在群体交流中远比个体间交流更易碰撞出灵感和创意。

（2）从用户的角度看，焦点小组讨论应该是自由开放的，参与者能够在不受约束的气氛下畅所欲言。在小组成员的讨论过程中，一个参与者的评论可以引发另一个参与者有效的想法，参与的人数越多，越能激发这种连锁反应，从而形成热烈的争论与相互的赞同，有利于多方面多角度获取有效信息。

（3）参与者在讨论过程中接收问题，发表见解，遇到评论，继续回馈，这些过程都是在现场环境中实时形成的。因此得到的数据往往更能接近用户真实的感受。

作为一种定性研究方法，焦点小组需要选择合适的访谈对象，给每个参与者以相对均衡的表达机会，还要使参与者说出真实的想法。因此，在具体的访谈过程中，有效布置每个工作细节，是产生高质量研究结果的前提。一般从以下几个方面来进行。

（1）明确访谈目的

这是实施焦点小组访谈的首要工作，设定目的能够使整个研究团队及参与者明确研究重点，明确内容能够有效地引导访谈进行，帮助参与者进一步探究问题，并为以后落实和调整相应步骤指明工作方向。

（2）征选参与者

对参与者的征选，研究人员应根据会议的目的明确列出参与条件，招募那些符合条件且具有代表性的用户。若要招募符合会议主题的参与者，需要遵循以下原则：①参与者必须有研究目的所要求的经验或信息。②参与者必须能够在小组中进行互动交流。③参与者最好是彼此共同拥有某些关键特征或经历的陌生人。④防止出现职业受访者。

就参与讨论的人数来说，为了适应不同的研究需要，针对不同的研究群体，参与人数会有不同的变化，所以并不存在理想的参与人数。但多数有实践经验的调查者会倾向于安排不少于六个人的小组。而且最好有多个小组，因为一个焦点小组会议的结果可能是不具代表性的。

（3）选择主持人

焦点小组访谈成功的关键因素，很大程度上取决于主持人的能力。作为一名主持人，首先应是训练有素的调研专家，要对访谈的议题有所认识，能够促进访谈的顺利进行。同时还应具有广泛的知识及获取更多新知识的能力。在焦点小组讨论过程中，主持人要在不限制成员自由发表观点和评论的前提下，保证谈论的内容不跑题。同时还要保证小组的每个成员均可以积极参与讨论，防止个别人喋喋不休地发表意见。

（4）准备访谈提纲

访谈提纲是焦点小组访谈的问题纲要，它列明了研究中的核心要点，给出了访谈中所涉及的话题概要。根据会议不同阶段，设定不同的提问策略、主持技巧以及对预想的参与者反映的对策。一份高质量的访谈提纲要对会议主题、参与人员、访谈场所、访谈流程、可能遇到的问题等事宜进行细致而准确的制订。

（5）选定访谈场所和所需数据

访谈场所的现场布置要符合调研的主题。尽量安排安静的场所，营造适宜的现场气氛。根据参与人数设计会场的座位格局，保证主持人能够与每一位参与者保持合理的访谈距离，如图 1-49 所示。

图 1-49　常见的会场座位格局

准备访谈过程中使用的物品：如纸、笔、录音笔、摄录装置等。做好访谈记录，由专门的记录员对会议做全程记录，确保为后期分析提供详尽的基础数据。

（6）总结和撰写调研报告

有经验的研究人员在访谈结束后，要对当天收集的资料进行归类整理，由主持人、参与座谈的工作人员和至少一名研究人员分别就资料中的核心要点加以总结并归类，从而高效率地投入到后期分析资料的整理中去，最后撰写正式详细的调研报告。完备的调研报告，既要考虑在文字叙述、图标引用、语句引用上的整体平衡，同时也要考虑研究的整体、区域和组别的异同，并提供相应的比例性分析、评价和解释。

6. 参与式设计

参与式设计（Participatory Design）是以用户为起点，邀请用户参与到产品设计和决策的过程中，与设计师、研究人员共同完成设计工作。参与式设计让用户成为了产品的设计者和改变者，设计师将用户视为平等的合作者，在设计过程中以用户为中心，将用户提出的需求和期望直接作为设计的目标，并且在此过程中，获取更丰富的角度来挖掘用户的意识和需求。

在参与式设计中，最主要的挑战就是如何让设计师和用户进行顺畅的合作，由于用户不是设计人员，他们只善于对自己不喜欢或认为毫无必要的设计方案提出意见。因此，期望他们完全靠自己提出设计构思是不现实的。为了充分发挥用户参与的作用，必须以用户能够理解的方式，向用户展示这些建议的系统设计方案。为此，研究者们开发了一系列的方法，如图片、原型、故事、游戏等，来激发参与者表达他们的需求，并获取回馈和建议。如图1-50为参与设计过程中，参与者提出相关的意见。

图 1-50　参与式设计

1.3.2　交互设计

交互设计（Interaction Design）是一种从可用、易用等方面来增强产品用户体验的学科。交互设计借鉴了传统的工业设计、可用性及工程学科的理论和技术。它是一个具有独特方法和实践的综合体，具有一定的科学逻辑性。

当用户通过鼠标、键盘、屏幕、手写板等设备对产品进行操作时，在用户和产品之间就会产生信息交互的行为。从用户角度来说，交互设计是一种如何让产品易用、有效而让人愉悦的技术。它致力于了解目标用户对产品的期望，了解用户在同产品交互时彼此的行为，了解"人"本身的心理和行为特点。同时，还包括了解各种有效的交互方式，并对它们进行增强和扩充，如图 1-51 所示。

在产品为不同工作背景、地域文化和操作技能的用户提供服务前，必须从用户的角度考虑，了解什么是用户希望的产品使用方式，人们为什么会使用这种产品。简单来说，用户数据贯穿着整个项目，是设计决策的决定性因素。而交互设计的重要作用之一就是帮助设计师明确地定义出用户的需求，交互设计在设计的过程中发挥着举足轻重的作用。而正是以用户为中心，使得交互设计保证了产品所涉及的各学科的和谐共存，最大限度地发挥其功能。

图 1-51　人机交互过程

1.3.3　界面设计

产品界面是人与机器之间传递和信息交流的媒介。界面设计与交互设计紧密联系在一起，是交互设计的外在表现。界面设计是计算机科学与心理学、设计艺术学、认知科学和人机工程学的交叉研究领域。为了提高界面的可用性，全面了解用户特征及多元化需求是十分有必要的。界面设计主要包括硬件界面和软件界面。

1. 硬件界面

硬件界面，是指人机交互中的产品硬件，通常是指产品本身，所有具有交互性的产品，都可以定义为硬件界面，如键盘、显示器、鼠标等输入输出设备。产品的硬件界面起着传递产品与人之间信息的桥梁作用，想要取得与人的情感共鸣，硬件界面就应该具有丰富的感性内涵，苹果公司在这一点上就做得很好，如图 1-52 所示。

2. 软件界面

软件界面，是指人机之间进行信息交流的界面，是为了满足软件专业化、标准化的需求而产生的对软件使用界面进行美化、优化、规范化的设计分支。某种意义上来说，它比硬界面更为重要。对于数字媒体和图形设计方向来说，软件界面主要是以 GUI 为主，是对屏幕产品的视觉效果和互动操作进行设计。它最大的特点，就是其所有的系统功能命令全部显示在屏幕上，用户可以借助界面的引导来完成交互行为。与早期计算机使用的命令行界面相比，图形用户界面对用户来说在视觉上更易于接受，如图 1-53 所示。

图 1-52　苹果相关产品

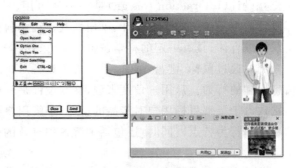

图 1-53　图形用户界面

第 2 章

UI设计的相关技术及应用

本章学习目标

- 熟悉掌握 UI 设计的原则与制作流程
- 了解 UI 设计的应用领域
- 熟练掌握相关软件界面的应用

本章将介绍 UI 设计中的 8 个黄金原则,使读者知晓每一个设计环节,了解产品设计的基本流程。

2.1 UI 设计的规范

2.1.1 UI 设计的原则

UI 用户界面要为用户提供服务,是用户与产品沟通的唯一途径。无论是严谨的设计还是艺术创作,找到一种最适合的表现形式去实现产品的功能,同时还要兼顾视觉上的艺术性是一个优秀用户界面所具备的必要条件。

1. 保持界面的清晰度

清晰度是 UI 设计中最为重要的部分。若想设计出优秀的用户界面并被用户接受和喜爱,首要任务就是让用户在最短的时间内识别出界面上的所有信息,方便用户进行操作。例如,在界面中心点处的信息,要使用较大的字体或突出的颜色来吸引用户的注意;用较大或较明显的字体来显示较高层次的内容,用较小的字体表示较低层次的内容。

如果用户不能在短时间内清楚地了解界面上的相关信息,便会使用户产生困惑感和受挫感,极大降低了良好的用户体验。所以在设计之初,需要将用户体验放在首要位置,百分百地关注你的用户,了解用户所需,不要过于迷恋和追逐设计潮流,或是不断添加华而不实的新功能。例如当用户将鼠标放置该按钮上,会弹出相应的操作提示,在视觉上便于用户理解和使用,如图 2-1 所示。

2. 保持界面的一致性

遵循界面的一致性是 UI 设计中最基本的规范。UI 设计要帮助用户尽可能快的进入潜意识习惯,最关键的一点就是保证界面的高度一致性。为了方便用户识别,界面中所有元素的设计风格都要保持高度一致,同样的信息在所有屏幕和对话框中显示的位置和形式应当一样,使用户不必进行过多的学习,便可以轻松地推测出界面中的各项功能。可以说软件界面越一致,用户就越容易使用它。这里所说的一致性包括:界面风格、字体设计、色彩搭配、控件布局、Tab 顺序、用户交互等多个方面的一致。

（1）界面颜色要一致

合理的色彩搭配,可以增加视觉感染力。合理的使用色彩进行信息级别的划分,有助于帮助用户对信息和操作产生关联。用户对颜色的喜爱有很大不同,审美也不尽相同,如果条件允许,最好为用户提供自由选择色彩的权利,让用户自定义所喜爱的色彩风格。同时,要对整个界面的色彩数量进行限制,最好不要超过5 种。

针对不同产品、不同用户要使用不同的色彩搭配,如科技类网站的界面色彩,应以蓝色为主;医疗卫生类的软件应采用绿色调或白色调来表现环保健康的理念。为了追求醒目的视觉效果,在浅色背景上使用深色文字或在深色背景上使用浅色文字,都可以获得良好的对比效果,如图 2-2 所示。

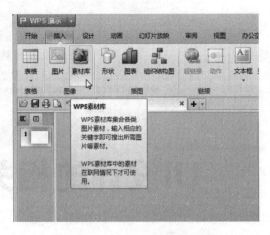

图 2-1　PowerPoint 操作界面示例

图 2-2　英国 BBC 网站的界面颜色

（2）界面的布局要一致

在界面的布局上,要遵循用户的使用习惯,设计出他们所熟知的界面布局。例如在系统程序界面中,大家最习惯的就是 Windows 默认的界面布局。简单来说,这种布局方式包括:窗口、标题栏、菜单、工具条、主题内容、状态栏等依次排列的布局。如果非要标新立异,打破传统,将传统的布局方式完全颠覆,那么很有可能损失相当一部分的客户资源,以及潜在的客户源。

不同的操作界面应针对其内容特点,采取图表、文字或图形等表达方式。无论内容怎样变化,整体的布局风格应始终保持一致。例如,可将界面中特定的信息,限制在同样的显示区域内;窗口中同样功能的按钮,都应放置在同样的位置;按钮的标题与提示的措辞要一致,使用户从统一的设计中得知某些特定功能,并能够基于之前的经验来了解新按钮的功能,如图 2-3 所示。

（3）操作方法要保持一致

受限于输入方式的不同,用户需要通过不同的方式对界面进行操作:如键盘、鼠标、触摸屏、物理按键、手写板等。虽然这些操作方式各不相同,但是在操作的流程上,要保证用户在同

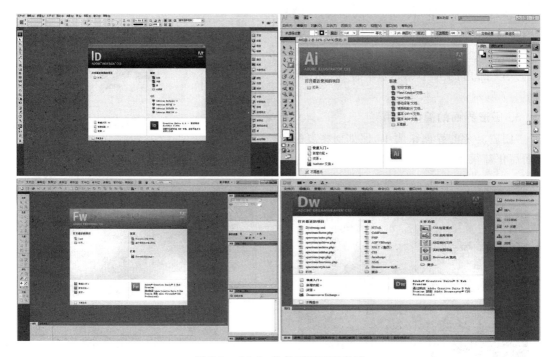

图 2-3 Adobe 软件系列界面布局

一产品的多个页面之间或多款产品之间,有持续一致的用户体验。保证控件的操作方式与功能相一致,例如:当用户通过单击或双击某个控件来执行动作时,必须保证界面上所有的控件都有相同的反馈;控件上操作箭头朝下说明单击后有隐藏内容;一个控件只做单一功能,如灰色控件功能表示不可使用等。这样,用户无论使用何种输入方式,在界面上进行操作时,都不会出现错误。例如,不可点击的按钮,统一使用灰色显示,如图 2-4 所示。

(4)界面字体要保持一致

字体的选用要与色彩搭配遵循同样标准。字体的选择要依操作系统的类型而定,避免一套主题内出现多种字体。例如,网站中的超级链接,若以不同颜色、不同字体或是不同外观进行显示,就会导致用户难以辨别超级链接和普通信息间的区别而降低使用的效率。一致的排版设计会让用户的注意力集中在操作的任务上,而不是关注不同版式间的差异。

(5)图标风格要保持一致

图标的功能在于建立起计算机内部与实际操

图 2-4 按钮界面

作的一种桥梁,通过映像的方法,将现实世界中人们所熟知的事物、经验、行为映像到虚拟的信息世界中,给用户一个有形的、可感知的虚拟世界,使用户能够直接、快速地了解图标中所承载的内容和功能。对于图标的设计,应准确的表述功能,遵循常用的标准,通过模仿或模拟现实世界中的真实事物让用户迅速接受,降低用户使用产品时的猜测度。例如,生活中剪刀的视觉形象常被归纳为裁剪或手工工具,那么,当它以图标的形象出现在界面中时,用户便可快速地联想到其具体的使用功能,如图 2-5 所示。

同时,图标还应具有统一标准的设计风格、构图布局;有统一的色调、对比度、色阶;甚至需要统一到边框的线条颜色、粗细;阴影的浓淡、大小;圆角的大小、弧度等细节,如图 2-6 和图 2-7 所示。

图 2-5　剪切图标

3. 图形界面的简洁易用

"创造复杂的界面很简单,但如何将复杂的界面简化却很难"——Per Almqvist。

图 2-6　图标统一色调

图 2-7　图标统一风格

一个复杂的操作界面,会使有限的空间显得更加拥挤。多数情况下,用户的操作只是为了发现某些特定信息或使用某项特定功能,用户在到达任何一个界面时所做的工作,就是用最快的速度进行浏览。如果界面上充斥着不必要的图形、文字以及一些毫无用处的功能时,这些多余的信息不仅会给用户带来混乱感,还会降低用户的工作效率。

为了避免界面的散乱无序,最重要的原则就是:"少即是多"(Less is more)。即保持界面的调理及秩序,尽可能的简化和去除不必要的按钮、图形、选项等其他繁琐的东西,保证界面中没有任何分散用户注意力的元素。同时,还应注意界面内容在形态、色彩、字体以及元素间大小、轻重的比例关系,实现界面的整体和谐,便于用户快速做出进一步行动的决定。遵循"少即是多"的原则。应注意以下几个方面。

(1)降低视觉干扰。易用和直观的界面能够为用户提供流畅的信息交流。用户体验设计师 Brandon Walkin 说:"界面中大量的视觉干扰会对一个感觉很复杂的界面造成很大的影响。"无论是文本还是图形,糟糕的书写或显示都会增加用户的阅读负担。当界面中显示的文字信息,远远超过了实际的需要,就会使用户产生抵触感,从而放弃阅读。当然,界面上显示的大部分文字应该是容易阅读的,如果遇到重复的内容或者冗长的信息,用户收到的相关回馈就太少,从而很难从中提取出重要的信息,如图 2-8 所示。

图 2-8　MacBook 产品介绍

　　为了帮助用户在极短的时间内找到相关信息和功能,可将图文信息合理分类,通过合理的布局和版式设计,使用户能够快速地区分页面上的重要信息,并迅速判断其中是否包含有用的信息,减轻用户的浏览负担,减少用户的寻找时间。同时,尽量减少图形的使用,为用户的交互留出足够的空间,并对界面的内容进行层次划分,将注意力引向用户需要的信息和采取的行动上,如图 2-9 和图 2-10 所示。

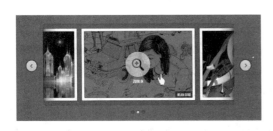

图 2-9　浏览界面

图 2-10　选择界面

　　(2) 精简操作流程。交互设计的主要目的是使人与产品或人与人通过产品的交流方式更科学、更合理。散乱无序的界面是用户最头疼的事情,过于复杂的操作流程会加重用户的思考时间。所以,减少完成某一操作所必须访问的界面数量,会使软件的操作更具目的性。理想的情况是,用户可以不用查阅任何帮助信息,便能了解界面上的相关功能,并且可以在极短时间内完成目标所需执行的操作,尽可能将操作次数降到最低,提高工作效率的同时,保证用户的舒适感和流畅的交互体验。

　　以美图秀秀为例,在对一张图片进行美化时,可以通过功能菜单直观地对图片进行尺寸修改、一键美化、定义文字等处理。这些显而易见的交互设计很易于用户理解,而且表现与操作相互一致,用户可以很直观地看到操作结果。这种"随需应变"的界面减少了操作步骤,也降低了操作的难度,如图 2-11 所示。

图 2-11　美图秀秀的精简操作界面

4. 合理的感知设计

　　人类通过视觉、听觉、嗅觉、味觉、触觉等感官来感受这个世界。研究表明,人的各种感觉器官从外界获得的信息中视觉占 60%,听觉占 20%,触觉占 15%,味觉占 3%,嗅觉占 2%,近 2/3 的信息是通过眼睛获取的。由此看来,产品形态的视觉要素设计的合理与否直接影响受众视觉感知的结果。它使我们在产品形态设计中对形态的把握、处理更为理性科学,使之产生最佳的视觉美感,从而满足消费者的审美需求。

　　图 2-12 中哪个界面看起来更加吸引你?

　　图 2-13 的两个选项中哪一个看起来更像是按钮?

　　很显然,左边的示意图更像是一个真实的按钮,圆角边缘的处理,渐变的明暗效果和阴影表现都毫无疑问地表明了这一点。为了协助人们感知能力的延伸,还应在大小比例、颜色质感、形状语义、细节描绘、色彩渲染、功能设置等方面符合美学规律,把握视觉感知的特性,在有效的范围内吸引用户的注意力,将产品的理念和情感传递给用户,以获得目标用户价值观上的认同和情感上的呼应,从而科学地把握并分析产品形态的特征及其对受众的心理影响。

图 2-12　注册界面对比图　　　　　　　　图 2-13　按钮设计对比图

5. 提供信息反馈,降低挫败感

系统对于用户的每个操作,应及时提供信息回馈,并告知用户操作的进程以及系统是如何响应用户的。如果没有适当的回馈,用户往往会重复之前做过的动作,如连续单击或双击鼠标,从而导致错误的操作。当用户进行正确操作时,系统也要及时提供肯定的回馈。

当用户的操作发生错误时,系统要为用户反馈友好的错误信息,不要威胁或责备用户,即便是在非常严重的情况下,也要为用户提供合理的回馈信息,以此减轻用户的焦虑感。例如,国内某网站这种风趣而又拟人化的设计,表现出对用户的关怀,自然就容易被用户接受,如图 2-14 和图 2-15 所示。

图 2-14　Fork 网的信息反馈　　　　　　　图 2-15　小野人亲子活动网错误提示

6. 容错性

健忘、易出错是人的固有弱点,用户在使用产品的过程中难免会出现错误。良好的容错设计会预先判断用户容易出错的地方,并在这些地方为用户提供解决问题的办法来引导用户,避免用户陷入困境,保证用户在误操作之后仍能按照一定的方式完成任务。例如,为用户提供可以撤销行为的方式和入口,或者在执行具有破坏性操作前,要求用户进行确认。在用户出现错误时,要及时反馈,使用户能够尽早发现错误。一个容错性好的产品不仅能提高用户的操作效率,也能减轻用户的心理负担。例如,微软的 Office 办公软件 Word 界面中就具有词法、语法、句法等错误提示及修改功能,如图 2-16 所示。

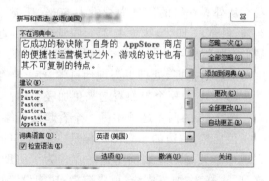

图 2-16　Word 拼写和语法功能

此外,产品还应提供帮助功能,帮助用户学习如何操作使用产品。产品可能被各种类型的用户所使用,对他们来说都会有学习成本,谁都无法保证用户可以准确无误地对陌生产品进行操作。所以,产品应适时地为用户提供各种帮助,向用户提供相关的操作引导功能,即通过一步步的引导界面向用户展示产品的初始配置,使用户喜欢上你的产品并继续使用它。例如,美图秀秀新增的磨皮祛痘功能,通过图解操作步骤直观地展示给用户,以便让用户能够拥有更佳的操作体验,如图 2-17 所示。

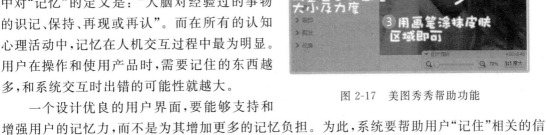

图 2-17 美图秀秀帮助功能

7. 减少记忆负担

记忆是人类心智活动的一种,代表着一个人对过去活动、感受、经验的印象累积。《辞海》中对"记忆"的定义是:"人脑对经验过的事物的识记、保持、再现或再认"。而在所有的认知心理活动中,记忆在人机交互过程中最为明显。用户在操作和使用产品时,需要记住的东西越多,和系统交互时出错的可能性就越大。

一个设计优良的用户界面,要能够支持和增强用户的记忆力,而不是为其增加更多的记忆负担。为此,系统要帮助用户"记住"相关的信息,减少用户的记忆负担,可通过以下几点来实现。

(1)提供可视的交互方式,使用户能够识别过去的动作、输入和结果,减轻用户认知负担。

(2)保持正确的匹配关系,用户的操作行为与操作结果要一致,对用户的操作应及时给予回馈,并且回馈的信息要与用户的意图相符。一次操作只有一个结果,对于更多的细节要在用户点击鼠标表明兴趣后再进行展示。

(3)图像的表达功能应基于真实世界的象征,以此帮助用户快速地识别图像,用户的操作就会更快,更流畅。

(4)产品应帮助用户记住重要信息。例如,当用户输错密码时,刷新后的界面仍保留用户刚刚输入的信息;当用户想更改某个对象的名称时,很可能希望新名称类似于原先的名称,因此,用户用来输入新名称的编辑框要提前放置好旧名称,让用户在原有的基础上进行修改而不是重新输入,如图 2-18 所示。

图 2-18 邮箱登录界面的记忆功能

2.1.2 UI 设计的流程

美国心理学家马斯洛曾提出人类需求的理论,他将人类需求从低到高按层次划分为:生理需求、安全需求、社交需求、尊重需求和自我实现五个层次,如图 2-19 所示。

(1)生理需求是人类维持自身生存的基本需求。其中包括呼吸、食物、水、居所、性、衣物、睡眠。马斯洛认为,只有这些最基本的需要满足到维持生存所必需的程度后,其他的需要才能成为新的激励因素。因此,为了满足人们生活的日常所需,相关的功能性产品应运而生,诸如

图 2-19　马斯洛需求层次图

提供方便出行的"滴滴打车",基于美食搜索的"大众点评",提供生活综合服务的"赶集网"、"58同城",都为人们的生活提供了便捷的服务,如图 2-20 所示。

（2）安全需求包括了人们希望劳动安全、职业安全、生活稳定、希望免于灾难、希望未来有保障等。马斯洛认为,整个有机体是一个追求安全的机制。人的感受器官、效应器官、智能和其他能量主要是寻求安全的工具,甚至可以把科学和人生观都看成是满足安全需要的一部分。为了满足人们对于安全安定的期望,相关的软件产品也应运而生,例如基于节气养生的"过日子",提供理财投资的"随手记",都满足了我们获取安全感的需求,如图 2-21 所示。

图 2-20　滴滴打车 App

图 2-21　过日子 App

（3）当生理需求和安全需求得到满足后,人们的社交需求就会显现出来。社交需求包括友情、爱情、亲情等多个层次。当今时代,经济和社会环境的变化使得人与人之间的交往更加重要,大家希望通过沟通和交流来丰富自己、展示自己。新型的社交平台依靠特定功能的诉求,把特定的用户群体聚集起来,实现社会关系在网络上的虚拟延伸,使空间、时间差异等因素,不再成为交往的障碍。无论是获取信息还是与他人交流,人们都能在社交网络中各取所需。例如,以"微信"为代表的朋友圈社交,基于地理位置交友的"陌陌"等,如图 2-22 所示。

（4）每个人都有被尊重的需求，都希望展现自己，渴望获得社会地位和威信，得到别人的认可、信赖和积极评价。尊重需求简而言之就是如何构建影响力，这也更多的体现在社交过程之中，每一个人的尊重与被尊重都存在于在社交网络的交流互动之中。所以产品若能体现出对用户的尊重和理解，从情感上充实用户，势必能有效地聚集和留住目标用户。例如，通过Facebook等社交平台来分享你的生活，如图2-23所示。

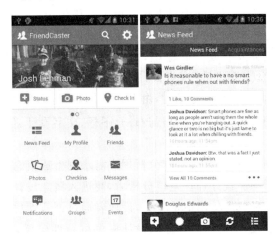

图 2-22　微信 App　　　　　　　　　　　图 2-23　Facebook App

（5）自我实现作为最高等级的需求，是人类存在的最高、最完美、最和谐的状态，是追求至高人生境界的需求。这种需求的满足，会让人们充满自信，对社会充满热情，生活得会更加有意义。所谓"人各有志"，这个层次的需求满足更多的是强调个性化，许多用户在这个层次的应用上往往愿意付出更多的成本和代价。例如，一款名为BarMax的美国律考软件，虽然其在App Store商店中的标价高达999.99美元，但该软件可以帮助法律系学生取得律师职业资格考试，其内容包括有数千页的材料和数百小时的音频讲座，价格比司法考试培训课程又便宜很多，推出之后自然备受欢迎，如图2-24所示。

只有了解人的各种需求，才能使产品的理念深入人心，充分发挥产品的特性。在产品设计的过程中，要考虑到用户的每一种需求，了解用户对产品的期望，满足最终用户和直接用户的需求。这听上去像是一个极其庞大的工作，但可以把设计的工作分解成各个组成要素，以便更好地进行设计。UI设计流程分以下几个阶段。

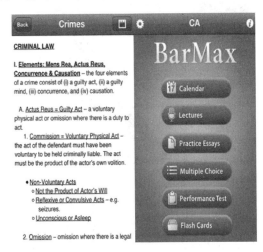

图 2-24　BarMax App

1. 定位分析阶段

产品的设计离不开3W原则（Who，Where，Why）：即使用者、使用环境和使用方式，如图2-25所示。判断产品的优劣，在很大程度上也取决于未来用户的使用评价。因此，在产品设计初期，针对用户的研究和分析是产生一切产品设计初衷的根源。要了解用户想从设计者这儿得到什么，尽可能广泛地向产品未来的直接或潜在用户进行调查，要对这些用户需求寻根究底,要清楚产品适用于哪类人群(用户的年龄、性别、爱好、收入、兴趣爱好等),在什么地方使用(家、办公室、工作室、公共场所等)以及如何使用(鼠标键盘、触摸屏、遥控器)等。这些研究能够帮助了解当用户使用产品时,他们想要获取什么,同时也能帮助确定用户需求的优先级别。

图 2-25　3W 原则

2. 架构设计阶段

在定义好用户需求并设置好优先级后,可以通过分析来制定出符合用户需求的设计方向和设计草图,进而发展成产品原型,并将设计任务分解为用户研究、交互设计、视觉设计等。再根据前期所整理的资料,进一步提炼结构,由 UI 设计师进行产品各项功能的设计,如界面风格与布局、图标、文字设计、信息设计及其他设计。主要流程包括以下几步。

(1) 概念设计

概念设计,是由分析用户需求到生成概念产品的一系列有序的、可组织的、有目标的设计活动。设计师在定位分析后,便进入概念设计阶段。概念设计意味着要进行一项构思产品创意和概念的创造性行为,设计者通过创造性思维、头脑风暴、角色扮演等方法制订出一些简单的设计方案,为产品的设计提供可行性建议,这些建议可以为下一阶段的设计提供准确的方向,并用直观手段呈现出来,如设计草图、故事版等。

(2) 绘制草图

在设计初期,设计师使用不同的方式进行产品的视觉表现。最常见的方式之一就是绘制草图,草图绘制也是前期阶段中最直观易懂的表现形式,如图 2-26 和图 2-27 所示。

图 2-26　绘制草图

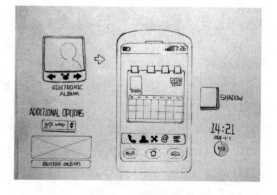

图 2-27　草图细化

草图的绘制不需要很复杂,使用的元素也颇为简单,基本的形状组合,灰白黑的明暗和适当的阴影效果,对于初期的概念设计和创意表现来说已经足够了。作为一名专业的设计人员,过硬的专业素养,加之有限的绘画技巧来增添设计感便可轻松上手。尽管处于草图阶段,在对细节的处理上还需要注意以下几点。

- 保证线条的流畅、光滑，避免结头过多造成的断线、虚线等，如图 2-28 所示。
- 草图的绘制应表现一定的体积感，根据形状及角度的不同，准确地将轮廓、阴影等画在相应的位置，以此来丰富层次感，如图 2-29 所示。

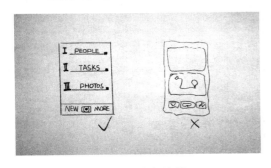

图 2-28　线条绘制

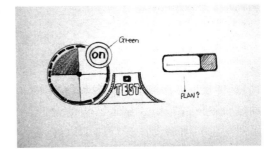

图 2-29　添加阴影

（3）任务分析

根据任务的复杂性、难易程度，详细分解设计步骤，合理的进行人机分工，确定适合用户的工作方式。

（4）环境分析

确定产品使用的软、硬件支持环境及接口。

（5）低保真原型设计

在设计初期，低保真原型可帮助开发人员快速地构建产品模型，用户可以感性地认识到未来产品的界面风格以及操作方式，从而对产品的期望和需求做出判断，便于开发人员对产品进行修改，进一步完善产品。低保真原型具有轻巧快速和易于修改的特点。可通过 Balsamiq Mockups、Visio 等线框工具，快速将创意通过计算机记录和表现出来，保证概念设计的方案被大多数人理解，让用户尽早认识到未来的界面风格和操作方式，并借助低保真原型来修正设计方面的不足，如图 2-30 所示。

（6）交互设计

交互设计的任务在于创造出高可用性的界面，让用户在使用过程中产生愉悦感、成就感。本着为用户着想的理念，交互设计师便要根据产品的规格需求和设计准则以及界面类型，进行具体的规划，将产品的目标和功能需求转化为界面表现。除此，还要进行必要的方案修改，确保修改过程不会破坏原先的设计理念。

图 2-30　低保真原型图

（7）高保真原型设计

一旦基本概念、产品交互通过低保真原型的方法被制作出来，就要集中精力制作高保真原型了。高保真原型通常分为两类，一类是可以通过 Photoshop、Illustrator 等工具创建静态图片，用以展示界面效果。另外一种则是产品演示 Demo 或真正意义上的交互原型。高保真原型能够更加有效地收集用户的反馈,因为高保真原型的界面布局和交互效果与实际产品已相差无几,体验上也与真实产品非常接近,相比低保真原型的制作则更加耗时,如图 2-31 所示。

（8）视觉设计

在所有原型完成后,就可以对产品进行视觉设计。根据低高保真原型得到的相关回馈,制定出界面信息的顺序和内容,对界面进行整体的布局和显示结构的设计。除了对配色和图标设计进行加工以外,还可增添细节元素如高光、阴影、文本、局部背景等来进一步完善产品,如图 2-32 和图 2-33 所示。

图 2-31　高保真原型图

图 2-32　经过视觉设计的图标

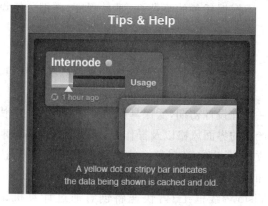

图 2-33　经过视觉设计的界面

3. 测试与评估阶段

在产品正式交付使用之前,还需要进行相关的测试与评估。主要工作就是将开发完成的产品进行各种类型的测试,以便尽早发现产品设计和实现过程中的疏忽所造成的错误。为了提高产品的可用性,需要对产品的软、硬界面按其性能、功能、形式、可用性等方面进行测试与评估,从用户回馈的意见中,进一步完善产品的整体设计。其作用主要有:

（1）评估产品的功能是否满足用户的需要。

（2）减少由于用户界面问题而引起的产品修改。

（3）鉴别界面设计对用户以及用户与产品交互的影响。

（4）增强产品的可用性,让用户易于使用。

（5）诊断在产品使用过程中出现的错误和问题。

（6）帮助设计师更加深刻地领会"以用户为中心"的设计原则。

测试与评估阶段在设计过程中所占的技术工作量比例最大,测试与评估作为设计的最后步骤,无论是对产品安全性的保障,还是功能性的检验,都有着无可替代的地位。因此,无论怎样强调产品测试的重要性和可靠性都不为过。

4. 验证维护阶段

即使考虑得再周全,设计得再缜密,在实际使用过程中产品也会受到用户回馈的影响。这就需要通过各种回馈渠道收集数据,用以检测产品设计的成果是否契合市场及用户群体,在产品发布后,不断修正产品的设计方向和漏洞。从反馈中了解用户怎么使用软件、为什么要使用、他们想要解决什么样的问题和他们真正需要什么样的功能是很有必要的。

用户反馈固然重要,相应的产品维护也不能忽视。所谓产品维护,就是在软件已经交付给用户使用之后,为了改正错误或满足新的需求而进行修改产品的过程。软件维护几乎是在产品交付给最终用户之后就已经开始了。按照性质不同,可将软件维护划分为四种。一是需求变更:即在产品的使用过程中,为了满足用户新的需求而增加或扩充软件功能的活动;二是产品纠错:即用户在使用产品时,仍会发现产品隐藏着的一些未被发现的缺陷或问题,改正和诊断这些错误的过程,称为产品的纠错维护;三是产品支持:为了不断的完善产品,而引起的程序修改活动;四是产品优化:为了提高软件的可维护性和可靠性,在不改变产品性质的情况下,对产品结构进行调整,为今后的改进打下基础而修改软件的活动。

对于一个产品的后期维护来说,如何做好这些问题的收集并给予用户满意的答复,是保持产品与用户黏性的最佳途径,也为下一个产品设计提供有力的市场及专业依据。

2.2　UI 设计的应用领域

2.2.1　网站界面设计

随着网络技术的发展,网站界面设计由原先的技术层面已逐渐转向艺术领域。网站界面已经从最初的文字形式发展到现在的包含图像、声音、视频、动画等多种媒体的新形式。它以科学技术和视觉艺术的结合为基础,以视觉表现为主要手段,谋求网站界面的功能美与形式美。在网站界面设计中,既要有独具匠心的外观吸引用户的眼球,还要结合图形、版式等相关设计,增添网站的视觉魅力,如图 2-34～图 2-36 所示。

图 2-34　System Force 网站

图 2-35　GUIFX 网站界面

2.2.2 软件界面设计

软件界面是用户与软件之间彼此交流的平台,是方便用户对产品进行操作以达成双向交互的平台。所以,软件界面设计不仅要保证界面的美观还要保证其方便易用,如图 2-37～图 2-39 所示。

图 2-36 Sony Ericsson 网站界面

图 2-37 Color Finesse 操作界面

图 2-38 XBox Studio 操作界面

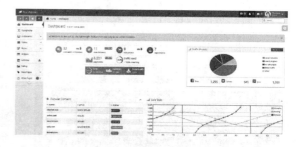

图 2-39 Ace Admin 操作界面

2.2.3 移动设备界面设计

移动设备,也称为手持设备。移动设备通常包含一个小的显示屏幕、触控区域和数字键盘。因其可以随时随地获得各种信息,使得此类设备很快变得流行起来。如智能手机、平板电脑、掌上游戏机、PDA 等,如图 2-40～图 2-42 所示。

2.2.4 多媒体播放器界面设计

多媒体播放器界面,就是数字化的音乐和影像播放器界面。由于数字多媒体具有传输快捷、储存方便、保真度高等特点,在使用中受到用户的广泛青睐,如图 2-43～图 2-45 所示。

图 2-40　智能手机界面

图 2-41　平板电脑界面

图 2-42　SONY掌上游戏机界面

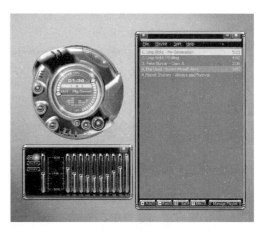

图 2-43　音乐播放器界面 1

图 2-44　音乐播放器界面 2

图 2-45　视频播放器界面

2.2.5　游戏界面设计

游戏界面设计是用户参与游戏、体验游戏的唯一桥梁,其重要作用无可取代。游戏界面的操控、图形、文字、色彩等元素直接影响着用户对游戏的直观印象。一款优秀的游戏界面,应注重视觉语言的设计,始终遵循"以人为本"的设计理念,使玩家在游戏过程中能充分体验人机交流所带来的愉悦感和舒适感,如图 2-46～图 2-48 所示。

图 2-46　游戏登录界面

图 2-47　游戏选项界面

2.2.6　系统主题界面设计

系统主题界面包含鼠标指针、桌面图标、音效等元素,同样属于人机交互界面的设计范畴。用户可以根据自己的喜好打造一个与众不同、充满个性化色彩的主题系统界面,如图 2-49～图 2-51 所示。

图 2-48　游戏操作界面

图 2-49　系统主题界面

图 2-50　鼠标指针

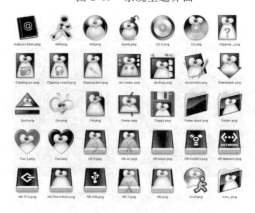

图 2-51　系统图标

2.3　软件类型及特点

2.3.1　UI 设计的软件类型

制作 UI 的软件有很多,比较常用的有 Photoshop、Illustrator、Fireworks、Painter、Flash、

UIDesigner 等。根据软件的输出类型可大致分为两种，位图软件和矢量软件。

（1）位图

位图（bitmap），也可称为点阵图像或绘制图像，是由许许多多的点所构成，这些点被称为像素点。一定数量的像素点可以进行不同的排列和染色以构成图样。将位图图像放大到一定程度时，便可以看到构成整个图像的无数个像素方块，图像边缘会出现参差不齐的锯齿状模糊效果，如图 2-52 所示。位图图像可以表现丰富的色彩和逼真的效果，它在存储时需要记录每一个像素点的色彩信息，因此所占用的存储空间较大。常用软件有：Adobe 公司的 Photoshop、Corel 公司的 Painter 等。

（2）矢量图

相比位图图像，矢量图的最大特点是无论对图像进行缩放还是旋转，图像始终都会保持清晰、光滑以及无锯齿效果。常用软件有：Adobe 公司的 Illustrator、Corel 公司的 CorelDRAW、Adobe 公司的 Flash 等，如图 2-53 所示。

图 2-52　位图图像及放大效果

图 2-53　矢量图及放大效果

2.3.2　Photoshop CS5 初识

了解和掌握软件的操作，对于设计师来说至关重要。Photoshop 作为一款专业领域中使用最广泛的工具之一，从图形设计到 Web 开发，从摄影到后期处理，可以说其应用范围之广超出了你的想象。Photoshop CS5 的操作界面如图 2-54 所示。

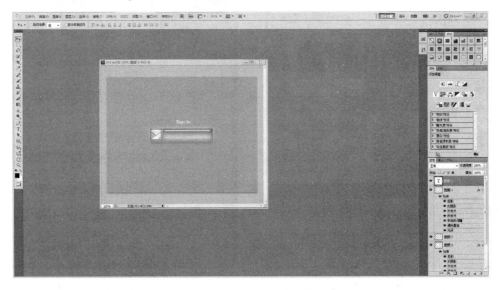
图 2-54　Photoshop CS5 操作界面

菜单栏：Photoshop CS5 的菜单条包含 11 个下拉式菜单。在操作时单击任意菜单栏，可进行相关操作。

工具选项栏：用来设置工具的各类选项，它会随着所选工具的不同而显示不同内容。

标题栏：显示文件名称、格式、颜色模式和缩放比例等信息。

图像窗口：图像的显示区域，用于编辑和修改图像。

浮动面板：为图形图像处理提供各种各样的辅助功能。

工具箱：使用工具箱中的工具，可以对图形图像进行相关操作。选择的工具不同，工具选项栏则显示不同的选项。

1. 文件的基本操作

（1）建立新文件

选择"文件"→"新建"命令，弹出"新建"对话框，如图 2-55 所示。在对话框中可对文件的信息进行设定，如文件名称、尺寸、颜色模式、分辨率等。

（2）打开文件

选择"文件"→"打开"命令，弹出"打开"对话框，如图 2-56 所示。选中要打开的文件，单击"打开"按钮即可。除"打开"命令之外，还有另外两种打开方式。如果是 Photoshop 产生的

图 2-55 "新建"对话框

图像，直接双击界面编辑区即可打开文件，或是将文件图标直接拖至 Photoshop 图标上，文件也可被打开。

（3）文件的存储

选择"文件"→"存储"命令，弹出"存储为"对话框，如图 2-57 所示。在对话框中可以对存储的位置、名称和格式等进行相应设置。

图 2-56 "打开"对话框

图 2-57 "存储为"对话框

Photoshop 支持几十种文件格式,因此能很好的兼容多种应用程序。在 Photoshop 中,常见的存储格式有 PSD、BMP、PDF、JPEG、GIF、TGA、TIFF 等。

PSD 格式:PSD 格式是 Photoshop 的默认格式,和其他格式相比,PSD 格式能够更快速打开和保存图像,很好地保存图层、通道、路径、蒙版等重要信息。

JPEG 格式:JPEG 是平时最常用的图像格式。它是一个最有效、最基本的有损压缩格式,被大多数的图形处理软件所支持。当需要保存大量的图片,并对图像质量的要求没有太多要求时,使用 JPEG 无疑是一个好的办法。但 JPEG 格式在压缩保存的过程中会丢掉一些数据,因而保存后的图像没有原图像的质量好,对于进行图像印刷打印来说,最好不要使用此格式。

TIFF 格式:TIFF 格式是跨越 Mac 与 PC 平台最广泛的图像打印格式。TIFF 格式支持具有 Alpha 通道的 CMYK、RGB、LAB、索引颜色和灰度图像以及无 Alpha 通道的位图模式图像。

BMP 格式:BMP 格式是一种标准图像格式,它支持 RGB、索引颜色、灰度和位图色彩模式,但不支持 Alpha 通道。

2. 图像的浏览

Photoshop 的显示方式有三种,可通过点击工具箱下面的更改屏幕显示方式按钮进行切换,也可通过快捷键"F"切换。在"视图"菜单下,有很多命令用来控制不同的显示比例,一个图像最大的显示比例是 1600%,最小的则显示一个像素。

(1)缩放工具

通过选取工具箱中的放大镜工具,可以对图像进行放大或缩小的操作。要对图像进行连续缩放,视频显像卡必须支持 OpenGL,而且必须在"常规"首选项中选中"带动画效果的缩放"。

(2)抓手工具

当图像被放大到一定比例后,显示窗口已无法显示全部的图像时,可通过工具箱中的抓手工具对图像进行拖动,也可通过窗口右侧及下方的滑轨来移动画面。另外,使用空格键也可实现抓手工具的移动效果。

(3)导航面板

在"导航器"面板中,通过鼠标拖动面板下方的三角滑块对图像进行缩放。当图像缩放至一定比例时,可通过鼠标放入红色方框中进行拖曳来对图像进行局部观察,如图 2-58 所示。

(4)旋转视图

使用"旋转视图"工具,可以在不破坏图像的情况下旋转画布,使图像处理更加便捷,如图 2-59 所示。

图 2-58　"导航器"面板

图 2-59　旋转视图

2.3.3 Illustrator CS5 初识

Illustrator 作为一款矢量绘图软件,能够快速精准地制作出任意形状的图形或文字。由于不涉及分辨率的问题,用 Illustrator 制作的文件,无论以何种倍率的分辨率进行输出,都能保持高品质的图像。因其和 Photoshop 都同出自于 Adobe 公司,所以它们的界面布局和基本操作大体相同,如图 2-60 所示。

图 2-60 Illustrator CS5 操作界面

菜单栏:Illustrator CS5 的菜单条包含 9 个下拉式菜单。在操作时单击任意菜单栏名称,可打开菜单进行相关操作。

标题栏:显示文件名称、格式、颜色模式和缩放比例等信息。

工具箱:使用工具箱中的工具,可以创建或修改矢量图形。无论当前正在使用何种工具,只要按住 Ctrl 键便可切换回先前所使用的工具。

浮动面板:多数 Illustrator 浮动面板都可以在"窗口"菜单中打开。但由于界面显示空间的限制,大量的面板会妨碍工作的进行。因此可以暂时关闭一些不需要的面板。

1. 文件的基本操作

(1)建立新文件

选择"文件"→"新建"命令,弹出"新建文档"对话框,如图 2-61 所示。在该对话框中可对文件的名称、尺寸、出血、颜色模式等进行设置。

(2)打开文件

选择"文件"→"打开"命令,弹出"打开"对话框,如图 2-62 所示。选中要打开的文件,单击"打开"按钮即可。除"打开"命令之外,另外两种打开方式与 Photoshop 打开方式相同。

(3)存储文件

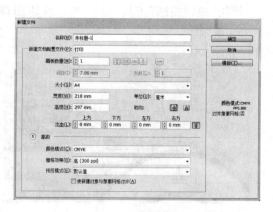

图 2-61 "新建文档"对话框

选择"文件"→"存储"命令,弹出"存储为"对话框,如图 2-63 所示。在该对话框中可以对文件的存储位置、名称和格式等进行相应设置。

图 2-62 "打开"对话框   图 2-63 "存储为"对话框

Illustrator 可以直接存储为 AI、EPS、PDF、AIT 和 SVG 等多种格式。除此之外,还可通过导出菜单保存更多格式,如 JPEG、TIFF、BMP 等。

AI 格式:AI 格式是 Illustrator 的默认存储格式,可以同时保存矢量信息和位图信息,是 Illustrator 专有的文件格式,可以保存的内容有画笔、蒙板、透明度、色样、图表数据等。

PDF 格式:PDF 格式是一种跨平台的文件格式,Illustrator 存储的 PDF 格式文件可用 Acrobat Reader 在 Windows、Mac OS、DOS 环境中进行浏览。

PSD 格式:通过导出文件,可将文件存储为 PSD 格式,它可以支持所有 Photoshop 的特性,包括 Alpha 通道、专色通道、多种图层、剪贴路径、颜色模式等。

2. 文件浏览

在 Illustrator 中同样可以使用缩放工具对文件进行缩放,也可使用"视图"菜单下的放大、缩小或通过快捷键 Z 切换缩放。放大后的文件若不能全部显示,可使用工具箱中的"抓手工具"和"导航器"面板来对图像做局部观察。

Illustrator 默认状态为预览状态,在处理复杂图像时,为了缩短屏幕刷新的时间,可以选择"视图"→"轮廓"命令,只显示物体的轮廓线,如图 2-64 所示。

图 2-64 预览状态与轮廓显示

2.3.4 其他软件介绍

Flash 是由 Macromedia 公司推出的交互式矢量图和 Web 动画的标准软件,是进行动画演示和高保真原型展示的最佳工具。由于是基于矢量应用和 AS 语言的软件,可以为产品展示、应用程序开发、网络应用等方面提供具有表现力的交互式内容授权环境,如图 2-65

所示。

Dreamweaver CS5 是一款集网页制作和管理网站于一身的所见即所得网页编辑器。它具有可视化布局工具、应用程序开发、代码编辑支持的强大功能组合，是一套视觉化的网页开发工具。它可以轻而易举地制作出跨越平台限制和跨越浏览器限制的网页界面，如图 2-66 所示。

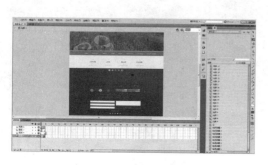

图 2-65　Flash CS5 操作界面

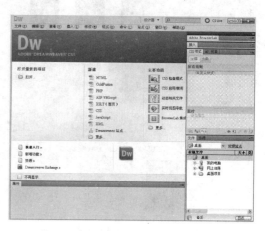

图 2-66　Dreamweaver CS5 操作界面

IconWorkshop 6 是一款功能强大的专业图标编辑工具。通过 IconWorkshop 可以创建不同的系统图标，同时还可导入各类格式的图片生成图标，如 PSD、PNG、BMP、JPEG、GIF 等。它具有将多种图像格式的文件一键创建成图标的独特功能。除此之外，IconWorkshop 6 可遵循不同的手机操作系统，使用户在短短几分钟内实现手机系统图标的制作：包括 Android 图标制作、iPhone 图标制作和 Windows Phone 操作系统所需的图标制作，如图 2-67 所示。

Sketch 是一款拥有美观界面和强大功能的专业矢量图形绘制工具，是一款为设计师量身定做的专业绘图工具。它拥有的矢量形状，能够满足 Web 设计、用户界面设计、图标设计等任何需求。Sketch 支持 OS X 的版本和自动保存，省去了手动保存的步骤，同时通过 iCloud 功能能在多个 Mac 中进行同步，如图 2-68 所示。

图 2-67　IconWorkshop 6 操作界面

图 2-68　Sketch for Mac 操作界面

第 3 章

UI设计创意技巧

本章学习目标

- 了解创意的相关知识
- 掌握创意思维的训练技法
- 了解 UI 设计的创意过程

本章系统地阐述了创意思维与创意设计的基本概念、基本理论和基本技法,并以实例说明了创意思维与设计的功能和应用。

随着移动互联网的不断发展,越来越多的 App 开始出现,并在人们的日常生活中起着举足轻重作用。虽然市场上的 App 不计其数,但是真正得到用户认可的并不多,各种 App 在性能、外观甚至营销手段上相互模仿,以至逐渐产生趋同的现象,产品的高度同质化已经无可避免。因此,我们不得不思考,什么样的产品更能赢得用户的青睐!

一款成功的 App 离不开好的创意。产品能否在市场竞争中占有一席之地,需要靠产品自身独特的创意设计来实现。设计的本质特征就是"为人而设计",研究人与机器间的关系,通过创意设计使产品的功能、结构、色彩以及环境条件等更合理地结合在一起,满足人们物质及精神的需求。由此可见,创意思维是设计的力量源泉,"设计"是前提,"思维"则是手段,两者交互作用最终形成了人类特有的设计思维。

3.1 UI 设计创意思维

3.1.1 创意从何而来

什么是创意?创意是如何产生的?创意,是传统的叛逆;是出奇不意的想法;是一种智能的拓展;是一种文化底蕴;是用一种独特的、引人入胜的、情感化的艺术表现形式来诠释一种新观念或新思想。创意是逻辑思维、形象思维、逆向思维、发散思维、系统思维、模糊思维和直觉、灵感思维等多种认知方式综合运用的结果。从人类诞生开始,"创意"也就开始左右着人类的发展了,如图 3-1 所示。

在 UI 设计中,创意的中心任务是表达主题,通过探索不同创意方法,寻求创意在 UI 设计意义和作用的关联所在,从而有效开发出产品造型与功能的新途径、新思维。因此,创意阶段的一切思考都要围绕着产品的主题来进行。

　　创意思维的核心理念在于通过科学的思维方式,全方位地提高思维能力,更有效地创造客观世界。作为一名设计师,最苦恼的便是没有好的创意来源,互联网世界发展变化的速度之快,令人难以预测。因此,要将创意的设计方法作彻底的归纳与阐述,就必须具备两种能力:一种是从事物的表面现象中总结出主题精神内核的能力;另一种是从平庸的表现习惯中挣脱出来,以独特的视角和新颖的艺术表现手法塑造一个全新的、出乎意料而又合乎情理的表现形式,来传递这一主题精神内核的能力。所有创意工作的基础是思维,而思维的基础,则是通过学习、充实、实践、改进,才能逐步达到和构筑,逐步提高认识能力,并形成丰富思维的知识库,达到别具风格、别具能力的设计功力。

　　受此启发,在产品设计的初始阶段,通过对视觉传达领域中已有的经验性和规律性加以总结,结合产品自身的特性对创意方法做出较为概括的认识和分析,就可找到产品创意设计的突破方向。例如,Jeep汽车网站在下载页面中,其进度条的外观采用了Jeep经典的进气孔造型,既能体现创意,又符合网站的主题,如图3-2所示。

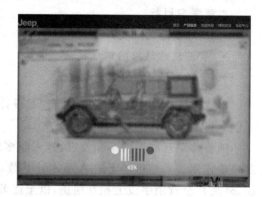

图 3-1　创意　　　　　　　　　　　　　　图 3-2　Jeep 网站创意设计

3.1.2　创意思维的常见形式

　　创意思维是以新颖独特的思维活动,揭示客观事物本质及内在联系并指引人去获得对问题的新解释,从而产生前所未有的思维成果。创意思维的形式有很多种,较为常见的有抽象思维、形象思维、灵感思维、逆向思维、发散思维、聚合思维、直觉思维和联想思维。

1. 抽象思维

　　抽象思维,就是凭借抽象的语言进行的视觉思维活动,是人们在认识过程中,借助概念进行判断、推理、反映现实的一种思维过程。设计者要拥有较强的创意能力,就需要多方面寻求启发,越是从意想不到之处去发掘,就越有可能产生新的创意。

2. 形象思维

　　形象思维,又称直觉思维、面型思维。是人们将直观形象元素(如视觉元素、听觉元素)作为思维材料,通过对色彩、线条、形状、结构、质感等具体的思维材料进行分解、提取、综合以及整合其内涵的属性关系,进而以联想、想象和结构性的重构创造出完整的、全新的形象,形象思维是创意思维中最为常用的一种思维方式。

　　在界面设计中,设计师通过分析事物的个别特征,用具体的形象以联想和想象的加工方式,塑造出全新的视觉形象。例如图3-3中,Nike的网站页面使用了富于联想的图形和色彩,将运动鞋底和跑道的造型联系起来,合理联想,突出视觉效果。

3. 灵感思维

灵感是人们借助于直觉启示而对问题得到突如其来的领悟或理解的一种思维形式,是创造性思维中最重要的形式之一。灵感与创新可以说是休戚相关的。灵感不是神秘莫测,也不是心血来潮,它的出现有赖于知识的长期积累,智力水平的提高,良好的精神状态和和谐的外部环境,长时间紧张的思考和专心的探索,灵感是创造性思维过程中,认识飞跃的一种奇特的心理现象。灵感具有普通思维活动中所不具备的特殊性质,主要有:

图 3-3　Nike 网站设计

(1)突发性。灵感的出现不期而至,突如其来,什么时候出现,怎样出现,由什么事物刺激而产生,都是难以预知的。

(2)兴奋性。灵感的兴奋性是指人脑在灵感闪现后常处于兴奋中,它使人脑处于激发状态,伴随而来的是情绪的高涨,使人进入如醉如痴的忘我状态。

(3)跳跃性。灵感的跳跃性表现为,它是一种直觉的非逻辑的思维过程。在出其不意的瞬间(散步、闲谈、看电影等)触景生情,冥思苦想的问题得到突然解决。

(4)创造性。灵感所获得的成果,常常是新颖的创造性知识。它所闪现的结果往往是模糊、粗糙、零碎的,还要用通常的思维活动加以整理。所以灵感的创新性与抽象思维、形象思维及其他种种因素结合在一起才能发挥作用。

4. 逆向思维

逆向思维,是指对现有事物或理论逆向思考的一种思维方式,它是创新思维中最主要、最基本的方式。敢于"反其道而行之",让思维路径向对立面的方向延伸,从问题的反面进行深入探索,进而创造新的形象。在设计中运用逆向思维,可以更加清楚地看到事物的本质,加强对事物的认识,从反向中寻觅突破。

如何满足用户的需求是一个永恒的话题。一千个用户就有一千个哈姆雷特。我们经常听到来自用户的反馈:界面不够人性化,文字太多,颜色再明亮一些,需要更炫的效果等。通常在这样声音的充斥下,很容易仓促的使用加法,将用户的各种需求添加进来,导致产品的信息愈加拥挤,失去原本的重点。合理地运用逆向思维,抓住被用户所忽视的方面,欲擒故纵,乘虚而入,则易如反掌。例如,在游戏界面设计中,使用多层级页面布局的方式,既能满足内容的展示需要,又能不失重点,保证界面简洁大气,如图 3-4 所示。

5. 发散思维

发散思维,又称扩散思维、辐射思维,是创造性思维最基础的成分。发散思维是指在对事物或问题的研究中,不拘泥于一点或一条线索,沿着不同的思维路径、不同的思维角度,从不同

图 3-4　"炉石传说"游戏界面

的层面和不同的关系出发去思考问题,以求最大限度地找出解决问题方案的思维过程。

发散思维是形成标新立异的前提保证,是思维灵活的具体体现。在深入了解产品及用户需求的前提下,运用发散性思维,依据用户的使用习惯、操作方式,以及心理需求等因素展开思考,抓住产品的主题思想,以此为发散点,沿着不同的方向扩展,提出符合主题设计的各种设想,对创意点进行深入挖掘,挖掘出深层次的、能给人以触动、感动的创意,为随后的收敛思维提供尽可能多的解题方案,从而产生有创见性的新思路。

例如,在理财类 App 的设计中,围绕理财的主题,从原点出发,运用发散性思维的方法,探求各种不同的答案,找出与之相关联的信息,如图 3-5 所示。

6. 聚合思维

聚合思维,又称收敛思维、求同思维。与发散性思维相反,聚合思维是朝着一个方向汇集的思维过程,是思维者聚集与问题有关的信息,在思考和解答问题时,进行重新组织和推理,以求得唯一正确答案的收敛性思维方式。聚合思维的关键是要确立一个目标或标准,然后通过整合,将不同的变化朝这一目标或标准集中,利用人们对目标和标准的认可,延伸至有限的变化范围内。

例如,在汽车生活类 App 的设计中,以车生活为目标,从四面八方寻找与之相关的信息,进行有效整合,如图 3-6 所示。

图 3-5　发散思维

图 3-6　聚合思维

7. 直觉思维

直觉思维,也称非逻辑思维,是指对一个问题未经分析,仅通过直觉认识、判断和创造全新事物的一种思维方式。它是创造性思维活跃的一种表现,是触发人们产生创意的基础。直觉思维是混合了逻辑思维、形象思维和人类本能感应的一种潜意识思维。在创造性活动中,设计师根据自身的文化素养、思维习惯、认知能力、经验积累以及高度的概括力,结合产品设计风格,对产品属性进行直接视觉表现,从而使产品能够在第一时间被用户理解和使用。直觉思维具有自由性、灵活性、自发性、偶然性、不可靠性等特点,从培养直觉思维的必要性来看,直觉思维具有以下三个特点。

(1) 简约性。直觉是对思维对象从整体上进行考察,调动自己的全部知识经验,通过丰富的想象作出的敏锐而迅速的假设、猜想或判断。它省去了一步一步分析推理的中间环节,采取"跳跃式"的形式直接对认知对象的本质属性和关键特征进行高度概括。

(2) 洞察性。直觉凭借以往的经验、知识,直接猜度到问题的精要,用敏捷的观察力、迅速的判断力对问题做出试探性的回答,然后通过经验思维、理论思维进行验证。

(3) 自信性。在直觉思维状态下,人的智慧得到超水平发挥,对认识与理解的正确性、真理性有着坚定的信心,认为提出的新观念、新理论是正确无疑的,所需要的只是进一步的说明与完善。

8. 联想思维

联想是人们观察和思考时,积极与相似事物关联的心理活动方式,它通过联想的本体事物,引发与被联想事物之间某种属性的关联,从对本体事物的感知而联想到被关联的事物,进而由被关联事物揭示本体事物的内涵属性。联想得越多,获得的突破也就越大。

联想思维是一种将已经掌握的知识和某种思维对象联系起来,从相关性中得到启发,从而获得创造性设想的思维形式。在视觉思维中,常常使用视觉形态的某种心理感应形式,来引发人们对某种抽象属性的联想。如图3-7中,使用富于联想的图形和色彩,以轻盈的女性身体作为主体形象,使用户将形象与产品主题之间建立必然的联系,从而起到加强主题表现的作用。

图 3-7　减肥瘦身 App

3.1.3　创意思维的基本原则

创意来无影,去无踪,是无法可寻的。对于创意思维的研究和运用是有一定法则值得去遵循和探讨的。

1. 审美原则

好的创意必须具备审美性。如果一个创意不能给用户以好的审美感受,那么就不会产生好的效果。创意的审美原则要求所设计的内容健康、生动、符合人们的审美观念,也就是对设计师的设计思想、创作意识的引导,使之按照正确的审美原则进行创作。

2. 关联原则

关联原则就是使创意本身与目标对象相吻合,这是创意的基础。在深入了解产品的基础上,创意设计必须能够反映产品的主题,充分体现产品的内在属性及价值。将产品最具代表性的信息提炼出来,获取用户的共鸣,也为产品建立更加明确的形象。

3. 简约原则

简约的本质就是精炼化。其目的就是去掉多余的元素、颜色、形状和纹理,让主要内容脱颖而出,成为焦点。遵循简约原则,一是要明确主题,抓住重点,不可本末倒置、喧宾夺主;二是注意修饰得当,要做到含而不露、蓄而不发,将平中见奇、意料之外、情理之中当作创作时渴求的目标。

4. 亲和力原则

吸引用户眼球的是形式,打动人心的是内容。将产品的设计理念渗入到用户心中,从情感心理角度让用户易于并乐意接受。这一原则给消费者以亲切、友善的感觉,让用户体验到平等、真诚、可信的情感氛围,在极具情感色彩的气氛中传递产品和服务的信息。

5. 系列原则

系列原则符合"寓多样于统一之中"这一形式美的基本法则,是在具有同一设计要素或同一造型、同一风格、同一格局等基础上进行连续发展的变化,既有重复的变迁,又有渐变的规律。在统一的前提下,一个设计构思可以经过微妙的变化,延伸在不同的产品中,形成丰富而均衡的视觉效果。要做到统一而变化,就是要对产品的某一种特征反复地以不同的方式加以强调。

3.2　创意思维的训练技法

在创意设计的过程中,需要设计者具备新颖的思维方式。好的创意是在借鉴的基础上,利用已经获取的设计形式来丰富专业知识,从而启发创造性的设计思路。在现代设计中,用于发明和创造的方法有很多,都是注重创新主体思维方法的培养和创新能力的开发。下面介绍几种常用的训练技法。

3.2.1　头脑风暴法

头脑风暴法是由美国创造学家奥斯本于 1937 年提出的世界上第一种创造方法,它是一种思维发散、分解和整合的集体思维组织运作机制。其核心就是分享小组成员的思维过程与成果,通过高度充分的自由想象激发新的联想。头脑风暴的主要形式是以小组为单位,在指定的时间内,通过讨论或者草图的方式进行交流,讨论彼此的思维过程和成果,以此激发集体思维创意的形成。头脑风暴法虽然主要以团体讨论方式进行,但也可用在个人思考和探索问题时激发思维。

头脑风暴法的形式多以座谈会为主,小组成员对会议主题依次发表观点,通过集体讨论,得出最佳方案。最佳方案往往是多种创意的优势组合,是大家的集体智慧综合作用的结果。为了充分发挥众人的创造性设想,头脑风暴法应遵循以下原则:

(1)自由畅想原则,鼓励自由思考,大胆设想,激发各种荒诞的想法,让参与者放松思想,创造一种自由、活跃的讨论气氛。

(2)禁止评判原则,在讨论过程中,对别人提出的任何想法都不能批判、不得阻拦。即使自己认为是幼稚的、错误的,甚至是荒诞离奇的设想,亦不得予以驳斥。

(3)以量求质原则,追求设想的数量,越多越好。意见越多,产生好建议的可能性就越大,这是获得高质量创造性设想的必要条件。

(4)综合改善原则,在讨论过程中,与会者除了提出自己的意见外,还要对其他小组成员已经提出的设想进行补充和改进,强调相互启发、相互补充和相互完善,这是头脑风暴法能否成功的标准。

3.2.2　分合法

分合法,是美国麻省理工大学教授威廉·戈登(W. J. Gordon)于 1961 年在《分合法:创造能力的发展(Synectics:the Development of Creativity)》一书中指出的一套团体解决问题的方法。戈登认为,头脑风暴法存在某种缺陷,即会议之始就提出目的,这样容易左右讨论的方向,得出的结果难免肤浅。分合法虽也是以小组讨论形式为主,但不会让与会者知道讨论的真正意图和目的,以类比推理的手段,通过同质异化与异质同化,以发散联想为基础,以类比表现为成果,用以捕捉创意的火花。例如,创意的主题是需要开发一款废物回收的 App,会议主持者开始只提出"分离"作为议题,即进行头脑风暴式讨论,这样就由"分离"二词联想出许多事来,如:啤酒和小麦分离、鱼与水分离、人与人分离、树与土分离……主持者在这种似乎漫无边际的"分离"讨论中,因势利导,捕捉创意的火花。

分合法的创造过程可以分为三个阶段。

(1)主题分解抽象阶段

会议主持人将创意主题进行分解、提纯,将创意主题以及基本属性、相似功能转换为几个较为抽象的词汇概念,让与会者用新颖而富有创意的观点,运用抽象思维重新审视旧观念、旧问题,这样可以有效地避免由于对具象、表象的"熟悉",而制约艺术的创新。

(2)联想类比转换阶段

该阶段主要是通过对主题抽象概念的联想,对已有的概念通过类比,从新的陌生的角度去观察、分析和处理。使看惯的东西成为看不惯,把熟知的事物变为陌生的事物。采用联想拓宽思路和类比推理的心理加工寻找类比对象。这一阶段的核心是从异中求同,或同中求异,从而产生新知,得到创造性成果。

(3)类比整合重构阶段

根据上一步骤的联想成果,利用类比推理推论出对象之间的相同或相似点,结合创意整合需要,按照形式美法则,取长补短,设计出新产品。

3.2.3 列举法

列举法,就是借助对具体事物的特定对象(如特点、优缺点等),将列举出来的问题进行探讨,提出新的设计方案。列举法通常分为缺点列举法、希望点列举法和属性列举法。

1. 缺点列举法

人们由于惯性思维、惰性思维的缘故,对看惯了的东西很难发现它们的缺点,已然"见怪不怪"了。这种不能主动发掘事物缺陷的习惯,实际上是一种创造能力的丧失。缺点列举法就是抱着挑毛病的态度,对事物或过程的特性、功能、结构以及使用方式等多方面进行"吹毛求疵"的批评,从而改进原有事物的创新方法。

缺点列举法鼓励人们积极地寻找、抓住事物的缺点及不足,一一列举,并有的放矢地寻找最佳解决方案,开展发明、创造、创新的活动。例如图 3-8 中,通过对软件版本的升级来完善产品的相关功能。

2. 希望点列举法

希望点列举法是从人们的"希望"出发,不受现有设计的束缚而进行创新、创造、发明的方法。它和缺点列举法有着本质的区别,缺点列举法离不开物品的原型,是一种被动的创意技法。而希望点列举法是根据设计师的意愿提出新设想,可以不受原有物品的束缚,是一种积极主动的创意技法。一般分为四个步骤:

图 3-8 车来了 App

(1)选择对象。希望列举法的对象不局限于某种产品,可以是生产过程、工艺流程等。

(2)对所选的对象从多角度提出希望点。

(3)评价提出每一个希望点,看看哪些具有抽象的可能性、哪些具有现实的可能性。最后,将既具有现实可能性又有价值的希望点作为创新的出发点。

(4)将可行性的希望点表述为具体目标,从多角度、多方面来满足希望点,最后实现设定的目标。

例如,当人们希望时刻把握时尚潮流动态时,就有了"美丽说"、"穿衣打扮"等 App;希望随时能找到工作,于是就有了"58 同城"、"赶集网"等 App;希望每时每刻留住美丽瞬间,于是就有了"秒拍"、"特效相机"等 App。

3. 属性列举法

属性列举法,也称特性列举法,是美国创造学家克劳福德教授所提倡的一种著名的创意思维策略。这种技法特别适用于旧产品的升级换代。一般分为两个步骤。

(1) 选择目标较明确的创意课题,列举创意对象的特征,并将这些特征加以区分。

(2) 从每个特性出发,进行自问或提问,启发广泛联想,形成"头脑风暴",产生各种设想,再经过评价分析,优选出美观实用的方案,使产品更加完善。

3.2.4　设问法

设问法是创意过程中经常使用的一种推陈出新的创造技法。设问法主要是围绕现有的产品,以书面或口头形式提出各种问题,通过提问发现产品的不足之处,找出需要和改进的地方,完善并开发新的产品。设问法的特点是简单易学,还可因地制宜,根据不同需要,改换设问的方法。在设问法中较为常用的是"5W2H"法。"5W2H"法是从七个英文单词的首字母而得名,即:

Why?(为什么需要更新?)

What?(创意的对象是什么?)

Where?(从什么地方着手?)

Who?(谁来承担创新任务?)

When?(何时完成?)

How?(如何实施?)

How Much?(达到怎样的程度?)

3.2.5　信息交合法

信息交合法是一种在信息交合中进行创新的思维技巧,即把物体的总体信息分解成若干个要素,然后把这种物体与各种实践活动相关的用途进行要素分解,将不同的事物分别写在一个直角坐标的 X 轴和 Y 轴上,通过联系将它们组合到一起,产生新的信息。这一思考方法在新产品设计中应用广泛,是一种极为有效的多向思考方法。运用信息交合法要注意四个步骤。

(1) 选好中心点,找准需要解决的问题,如设计一款音乐 App 应用,那么就将音乐作为坐标中心点。

(2) 画出与音乐有关联的坐标线。

(3) 在坐标点上加入具体内容(坐标线索点),如软件的功能、形式、结构、内容等相关信息。

(4) 将坐标线上的各个线索点相互结合,与音乐进行强制联想,就可以产生许多新信息。

3.3　创意设计综合案例——食位 App 设计

3.3.1　项目确定

1. 项目名称

食位 App,为用户提供一个可以在线预约、在线下单、远程排号和美食优惠信息等一站式服务的生活类应用。

2. 项目目标

为用户提供周边美食或饭店信息,让用户根据需求进行搜索。对周边商家进行等位预测,让顾客直接通过手机 App 预订餐位,实现"远程取号",免受排队之苦。用户还可在现场通过扫描二维码在移动端获悉目前的排号情况,合理安排等待时间,获得最佳的用户体验。

3.3.2 定位分析

1. 市场调研

- 分析食位 App 项目的用户范围、产品需求;
- 了解美食用户的行为;
- 收集用户的数据资料、分析报告、调查美食用户的行动路径;
- 通过行业特征、用户习惯、年龄分布等情况推导出目标用户群体;
- 模拟用户相关的生活习惯,行为方向,通过数据分析用户特征及饮食习惯。

2. 目标受众分析

所谓"知己知彼,百战不殆",产品只有针对目标人群,有的放矢才有成功的可能。只有找准了目标人群,明确目标人群的心理特征和消费特征,才能准确地命中目标。

一款好的 App 应用,需要锁定产品的目标消费群体,洞察目标群体的消费特性,以分众化、细致化的原则去设计产品内容。例如,食位 App 主要面向的用户群体为 18～35 岁的学生和上班族,该群体的生活节奏快,生活上乐于与人分享,在性格特点上他们崇尚自我,个性鲜明,追求生活情调,较为关注美食文化、饮食健康等信息,愿意在喜爱的事情上进行精力及经济的投入。

3. 产品功能定位

- 订餐:随时随地点餐、选座,用户可通过手机预先浏览菜品,提前点餐,减少进店点餐的时间;
- 一键呼叫:用户无需查找餐厅电话,一键呼叫便能联络餐厅;
- 分类搜索:按照菜系、商圈,快速查找用户所喜爱的美食信息;
- 附近:GPS 智能定位,将附近餐馆一网打尽;
- 积分功能:用户评论和分享可以获得相应积分,积分可兑换指定产品;
- 我的私房菜:用户可以对菜品随意搭配,选择最爱的美食,放入我的私房菜,一键点餐,省钱省事省流量;
- 版本覆盖:iOS、Android、Windows Phone 三个版本原生应用。

3.3.3 设计构思——创意思维的运用

1. 主题创意

运用头脑风暴法,围绕设计主题进行发散性思维的联想,从菜品分类、美食搜索、预约座位等角度寻找产品创意,如图 3-9 所示。

2. 内容探讨

进行小组讨论,探讨主题,捕捉灵感。将小组成员的意见和观点及时用思维导图分类记录下来,进行必要的整理,最终得出详细的概念图。讨论的过程主要分为两个阶段。

第一阶段,自由发言阶段。在这个阶段中小组成员可以自由发挥,天马行空地说出自己的想法,从不同角度,不同层次,不同方位,大胆地展开想象,尽可能地标新立异,与众不同,提出独创性的意见,时间在 30～60 分钟内即可。

第二阶段,设想处理阶段。在这段时间内,对已获得的设想进行整理、分析,以便选出有价值的创造性设想来加以开发实施。

3. 整合方案

根据讨论的结果,将整合的意见及时记录和完善,选择出 2～3 个方案进行视觉形式的表现与完善,经过意见征询,为产品的设计提供可行性建议,这些建议也为下一阶段提供了准确的设计方向,并以直观手段呈现出来,如设计草图、故事版等方式。

图 3-9　发散性思维导图

3.3.4　架构设计阶段

1. 产品框架设计

在设计过程中,设计师要使用不同的方式进行产品的视觉表现。可以运用所熟悉的软件,如 PS、AI,甚至是 Axure 等。最常见的方式之一就是用笔和纸去做一个原型图,这样不仅有利于提高工作效率,而且在讨论中,能够对设计方案随时进行修正。在绘制原型图的过程中,设计师要根据前期头脑风暴所得出的方案来确定产品的设计方向,运用黑白灰的表现方式,体现空间的布局摆放与协调性,如图 3-10 所示。

2. 低保真原型设计

低保真原型可帮助开发人员快速构建产品模型,用户可以感性地认识到未来产品的界面风格以及操作方式,从而对产品的期望和需求做出判断,便于开发人员对产品进行修改,进一步完善产品以满足用户需求,如图 3-11 所示。

图 3-10　框架设计图

图 3-11　低保真原型图

3. 高保真原型设计

高保真原型通常分为两类,一类是通过 Photoshop、Illustrator 等设计工具创建的图片文件,用以展示产品静态效果。另外一种,则是产品演示 Demo 或真正意义上的交互原型。高保真原型能够更加有效地收集用户反馈的数据,因为高保真原型的界面布局和交互效果与实际产品已相差无几,体验上也与真实产品非常接近,相比低保真原型的制作则更加耗时。

在高保真原型设计中,要对产品的细节作充分考虑,在制作时参考原型图,遇到设计不合理的地方,需要与相关人员进行沟通修改,进而完善高保真原型,如图 3-12 所示。

3.3.5 细化产品视觉设计

根据低高原型的相关反馈,细化界面上的所有内容,对界面的整体布局、色彩搭配、图标风格等设计统一标准。除了对配色和图标的设计进行加工外,还可增添细节元素如高光、阴影、文本、局部背景等来进一步完善产品,如图 3-13 所示。

图 3-12 高保真原型图   图 3-13 产品效果

3.4 创意设计综合案例——阅读 App 设计

3.4.1 项目确定

1. 项目名称

Take a risk App,是一款实时直播的冒险类小说阅读平台。产品利用用户的零碎时间,为用户提供精彩的连载小说,在丰富用户精神世界的同时,帮助用户养成珍惜时间的良好习惯,是一款互动性极高的阅读类 App。

2. 项目要求

(1) 提供新奇、独特的优质冒险小说。

(2) 改变以往读者被动接受信息的局面。

(3) 实时跟进小说的动态,让用户可以随时对剧情加以评论,并和读友互相分享心得体会。

3.4.2　调查分析

1. 市场调研

- 分析阅读 App 项目的用户范围、产品需求；
- 了解阅读产品的用户行为；
- 收集移动互联网用户数据资料、分析报告、调查阅读用户行为路径；
- 通过行业特征、用户习惯、年龄分布等情况推导出目标用户群体。

2. 同类型产品分析

（1）iReader

iReader 是掌阅科技旗下的一款 Android 平台的读书软件，支持 TXT、HTML/HTM、PDF、EBK2、EPUB 等多种手机阅读格式的电子书阅读软件。iReader 提供的所有图书资源都需付费购买，限时免费图书只能在线阅读不提供下载，如图 3-14 所示。

（2）Stanza

Stanza 是一个免费的电子书 EPUB 阅读器，可以从网上下载免费的电子图书，用户可以通过在线订购、免费下载或者用户分享的方式获取各种书籍。Stanza 的一个重要特点是支持很多在线书库，用户可以直接浏览很多在线书库而无需同步本地文件，用户还可以添加在线书库地址、在线下载书目，找到很多英文原版书目和网友共享的中文书目，如图 3-15 所示。

（3）Google Books

Google Books 是谷歌推出的一款针对谷歌图书网站的移动客户端，类似苹果的 iBooks，用户可以阅读在 Google Books 网站购买的图书，除了一些电子阅读器的基本功能，如切换字体，搜书，夜间阅读模式等。此外，Google Books 还提供 300 万册免费图书以及数十万册付费图书，如图 3-16 所示。

（4）QQ 阅读

QQ 阅读是腾讯公司推出的一款 Android 平台的读书软件，提供了轻松舒适的图书阅读体验，全文档格式都支持，内置 QQ 书城，内容资源比较丰富。其特色功能包括：支持在线阅读、下载阅读、连载更新、免费字体、切换背景等功能；支持 QQ 账号登录，用户评论，图书收藏等个人操作；可同步云书架中图书的阅读进度和笔记到其他的平台和设备等，如图 3-17 所示。

图 3-14　iReader　　　图 3-15　Stanza　　　图 3-16　Google Books　　　图 3-17　QQ 阅读

3. 精选用户

在开发 App 时，应该始于目标受众分析，只有了解目标用户，知道他们需要什么，才能够有针对性地进行产品的开发。根据前期的市场调研报告得出，该 App 的受众群体主要以 18～35 岁为主，该群体最大的特点是年轻化，年轻用户会比年长用户在应用程序上花费更多的时间。此外，该群体多以大学生为主，其零碎时间较多。

4. 产品特色

- 直播：即时更新发布小说动态，使读者通过客户端同步获取内容；

- 读者投票：读者可以为每一章节的剧情进行投票，与阅读相同章节的人进行评论互动；
- 分类搜索：更精细的分类；
- 离线阅读：在网络通畅的时候从服务器预读2～3页内容，以保证在发生短暂的网络中断时，仍可以保证流畅的阅读体验；
- 版本覆盖：iOS、Android、Windows Phone 三个版本原生应用。

3.4.3　产品创意构思

1. 主题创意

产品能否吸引用户并口口相传，其独特的创意至关重要。通过思维导图的方式，将记忆和想法记录下来，将各级主题的关系用相互并列或隶属的层级图表现出来，在清晰的层级关系中进行再扩展，直到满意答案的出现为止，如图 3-18 所示。

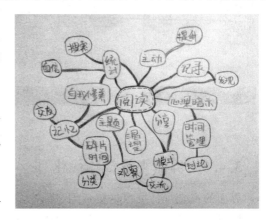

2. 创意激发

创意激发阶段是对产品主题设计的再次升级、是对设计思维的进一步提升，通过分析发现问题，寻求设计的统一性，进而提升创意突破。

3. 创意验证

创意验证阶段就是深化和完善创意的阶段。可以将主题创意构思在纸面上或电脑上予以视觉化表现，看看视觉化的形态与脑海中的

图 3-18　思维导图

形象是否吻合一致。其次，还需要广泛征求客户、同行的意见，对创意方案进行必要的验证和改善，验证创意的新颖性和独特性、可行性与合理性，并根据提出的意见进行修改调整，使之更加完善。

3.4.4　交互原型设计

1. 产品草图

将前期的创意所得转化为可知的视觉形象，通过视觉化的语言将构思好的产品特征、形体、比例、色彩等信息准确地描画下来，以便更加有效地传达信息需求。草图的实现可以用纸笔画，可以用白板水笔画，还可以用 Photoshop 画和用 Visio 画，如图 3-19 所示。

2. 线框图制作

线框图能够比较清晰地描述出界面元素的布局方式，它最大的特点是制作简单，成本低廉。在产品开发初期，根据前期的调研结果快速绘制出产品原型，提供给目标用户，使用户可以感性地认识到未来产品的界面风格以及操作方式，从而对产品的期望和需求做出判断，便于开发人员对产品进行修改，进一步完善产品以适应用户需求，如图 3-20 所示。

图 3-19　产品草图

3. 视觉稿设计

当用户确认线框图后，便可以进入高保真的设计中。视觉稿就是视觉设计的草稿或终稿，帮助设计师从视觉设计的角度审阅产品，如图 3-21 所示。

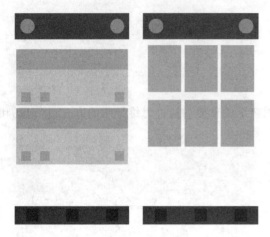

图 3-20　线框图　　　　　　　　　图 3-21　视觉设计

3.4.5　界面视效整体优化

界面的视觉设计要尽量接近用户熟悉或者喜欢的风格，要对界面的整体布局、色彩搭配、图标风格等设计统一的标准。除了对配色和图标的设计进行加工以外，还可增添细节元素如高光、阴影、文本、局部背景等进一步完善产品，如图 3-22 所示。

图 3-22　产品最终效果

第 **4** 章

UI的色彩设计

本章学习目标

- 了解 UI 设计的色彩原理
- 熟练掌握色彩的搭配方法及配色技巧

作为一名设计师,如果你还在说"这种颜色比较好看,而另外那种颜色不好看"的话,说明你还不了解色彩。有时我们会认为色彩是独立的,而事实上,它们总是存在着某种联系,或互补或对比,只有当所有色彩合理的搭配为一个整体时,才能够准确地评价其好看与否、协调与否。本章主要介绍色彩形成的原因、色彩的分类、色彩的属性以及 UI 设计中的色彩搭配与应用技巧。

4.1 色彩原理

色彩具有非常微妙的表现力,是人类最基本的需求之一。对于设计作品来说,色彩具有非凡的吸引力,合理的使用色彩,往往能够抓住消费者的视线,诱发用户的购买欲望,让用户在潜意识中建立起牢固的商品形象。在 UI 设计中,色彩的搭配是经过精心设计的专业搭配,设计师借助色彩来增强图像的表现力,强化造型寓意,传递审美与功能的诉求,传达出产品的设计理念。作为一名设计师,必须要熟悉色彩,了解色彩,把握色彩的特性。要对色彩的成因与色彩的基础规律进行研究,使色彩规律融入到设计中。只有掌握了这些基础知识,才能真正的认识和运用色彩。

4.1.1 色彩的概念

光是人们感知色彩的必要条件,没有光就没有色彩。色彩是光刺激眼睛再传到大脑视觉中枢产生的感觉。不同的光源可以产生不同的色彩。同样的光源下,不同的物体大都显示着不同的色彩,红苹果反射红色光,青苹果则反射青色光。所以,光源、物体以及正常的视知觉是产生色彩的必要条件。

现代色彩学中认为,色彩是一种视感现象,我们看到的色彩,实质上是以光为媒介的一种视觉反应。英国科学家牛顿在实验室,将一束太阳光从窗户上的一条细缝中引入暗室,当太阳光通过三棱镜折射时,白色的太阳光会被分解为红、橙、黄、绿、青、蓝、紫七种宽窄不一的颜色,并以固定的顺序构成一条美丽的色带,就像雨过天晴的彩虹。这就是光谱,亦被称为光的分解,如图 4-1 所示。

　　如果在光线分散的途中使用聚光透镜进行聚合,会发现七色光又集中还原成了白色。当太阳光通过三棱镜时,各种色光由于波长不同,都因不同的折射率,而显现出不同的颜色。其中,红色的波长最长,折射率最小,排在所有色光之前;紫色的波长最短,折射率最大,故而排在最后。其余各色光依次排列,才形成了七色光谱。

　　所以,我们感受到的光实际上是由七种色光混合而成的。我们眼中所感受到的色彩,除了取

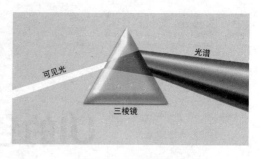

图 4-1　光的分解

决于照射光线的光谱成分和物体的吸收、反射、透射的色光外,还与视觉的接受、传递系统相关。确切地说,色彩是可见光作用下产生的视觉现象。

4.1.2　色彩的属性

　　任何色彩都具有色相、明度和纯度这三种基本属性,也称为色彩的三要素。它们决定了色彩的面貌和性质,是界定色彩感官识别的基础。其中任何一个基本属性的细微变化,都会改变色彩的面貌和个性,是色彩最基本、最重要的构成要素。

1. 色相

　　色相是色彩最直接的代表,是区别色彩样貌的唯一标准。在色彩学的研究中,色相的秩序是用色环来表达的。最简单的色相环是采用牛顿光谱色,即红、橙、黄、绿、蓝、紫组成的红与紫相连的色相,如图 4-2 所示。

　　光源的光谱成分以及物体反射、透射的光波波长决定了物体的颜色,只要波长相同,色相也就相同。因此,某一种色相,例如蓝色,尽管添加了不同比例的黑、白、灰色而产生了各种不同的蓝,如浅蓝、深蓝和灰蓝色等,但它们都属于同一个蓝色相。其他诸如玫瑰红、紫罗兰、柠檬黄、翠绿等都是色彩特定的色相,是人们对不同色相的不同称谓。

2. 明度

　　明度,是色彩的明暗度,不同的颜色具有不同的明度。光波振幅的宽窄决定了色彩的明度,振幅越宽,进光量越大,物体表面的光反射率越大,明度就越高;振幅越窄,进光量越小,物体表面的光反射率越小,明度则越低。在任何一种色相中加入黑色或白色,都可以使明度发生变化,产生不同的色彩明度级差,如图 4-3 所示。

图 4-2　十二色相环

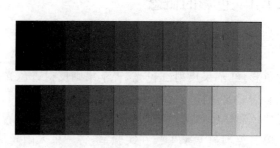

图 4-3　明度级差

3. 纯度

色彩的纯度也称饱和度,是指色彩的鲜艳、纯净程度。是由色彩波长的单纯程度差异而造成的。纯度高的色彩纯净、鲜亮,纯度低的色彩暗淡、浑浊。其中红色纯度最高,橙色、黄色纯度较高,蓝色、绿色纯度最低。在 UI 设计中,为了突出或减弱某些元素,可以通过调整颜色的纯度,使整个界面的色彩显得既统一又富有变化。

4. 互补色

互补色,是指在色环中位置相对的两种色彩。在光学中,指两种色光以适当的比例混合而能产生白色感觉时,则这两种颜色就称为"互为补色"。如红色和绿色,蓝色和橙色、黄绿色和红紫色等,如图 4-4 所示。

5. 同类色

同类色是指在同一色相中色度不同的颜色。例如,红颜色中有紫红、深红、玫瑰红、大红、橘红等。蓝颜色中又有深蓝、钴蓝、天蓝、浅蓝等。在设计中,使用同类色系进行搭配,是十分谨慎稳妥的做法,但有时也会产生单调感。可以通过添加少许相邻或对比色系,来增加作品的活跃感。

6. 冷暖色

在色彩心理中,色彩根据不同的色相分为暖色、冷色和中性色。暖色系的色彩饱和度越高,其温暖的特性越明显,如红色、橙色、黄色常使人联想起东方旭日和燃烧的火焰,因此有温暖的感觉,如图 4-5 所示。暖色跟黑色调和可以达到一种很好的效果。在 UI 设计中,暖色一般应用于购物类网站、儿童类网站界面设计等,用以体现商品的琳琅满目和活泼温馨的感觉。

冷色系的亮度越高,其寒冷的特性就越明显,如蓝色、紫色,常使人联想起高空的蓝天、阴影处的冰雪,因此有寒冷的感觉,其中蓝色是最冷的颜色,如图 4-6 所示。冷色一般跟白色调和能够达到一种很好的效果,常应用于一些高科技网站、商务网站、游戏图标、进度条等。Windows 98/2000 的标题栏、OS X 的高亮按钮、Windows XP 的任务栏、iOS 的开关、Android 4.X 的整体也都是以蓝色为主。因为蓝色多给人以冷静、理智、高科技的感觉,更适合数码产品的界面和计算机系统使用。

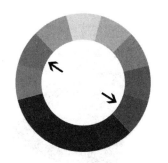

图 4-4 互补色

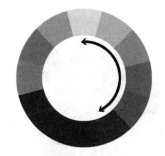

图 4-5 暖色系

图 4-6 冷色系

4.1.3 数字色彩

与现实世界的色彩形成方式不同,数字色彩的生成与彩色显示器紧密关联,它是由计算机主机计算出的相关数据,通过内存、像素发生器、扫描仪和显示器的电子枪发射红、绿、蓝三种光束,使屏幕内侧上覆盖的红、绿、蓝磷光材料发光而生成的色彩。不仅如此,通过这种模式来呈色的设备还有很多,比如数字电视、投影仪、掌上电脑、数码相机等。由于计算机的显示存在偏色的可能,作为设计师要养成依靠色彩值来判断色彩的习惯,而不是依据显示器的呈色或其他的方式进行判断。

　　数字色彩的表达方式是依据不同的色彩模型所产生的。通常接触到的色彩数字化表达方式,大都包含在各种不同的图形图像软件中,例如 Photoshop、Illustrator、Flash 等软件,这些软件常用的色彩模式有:RGB、CMYK、Lab、索引色、灰度等。

1. RGB 色彩模式

　　RGB 色彩模式是计算机显示器及其他常见数字设备显示的色彩,是通过对红(R)、绿(G)、蓝(B)三个颜色通道的变化,以及相互之间的加光混合来得到各式各样颜色的。通过试验,人们发现红(R)、绿(G)、蓝(B)三种色光混合后会得到白光,因此也称作加色混合,如图 4-7所示。同时,这三种色光也可以按不同的比例混合出自然界中的全部色彩,所以屏幕上所显示的颜色,都是由红色、绿色、蓝色三种色光按照不同的比例混合而成,只要是在屏幕上进行观看,那么图像的色彩最终都是以 RGB 的色彩模式进行显示。

2. CMYK 色彩模式

　　印刷色彩主要以 CMYK 四色为代表,C、M、Y、K 分别为青色、品红色、黄色和黑色。四种高饱和度的油墨以不同角度的网屏叠印形成复杂的彩色图片,如图 4-8 所示。

　　和 RGB 色彩模式相比,CMYK 有一个明显的特点:RGB 模式是一种发光的色彩模式,当你在一间黑暗的房间内,仍然可以看见屏幕上的色彩。而 CMYK 色彩模式是一种依靠反光的色彩模式,必须借助自然光或人造光的作用才能显现出色彩,因此它是打印机等硬拷贝设备使用的标准色彩。由于 CMYK 的色域要小于 RGB 屏幕颜色的色域,因此,当用电脑进行色彩设计时,所选的颜色如果超出了 CMYK 印刷颜色的色域,电脑就会用一个接近它的较灰暗的颜色来顶替它。

3. Lab 色彩模式

　　Lab 色彩是计算机内部使用的、最基本的色彩模式。Lab 色彩模型具有自身的色彩优势,即色域宽阔。它不仅包含了 RGB、CMYK 的所有色域,还能表现它们不能表现的色彩,如图 4-9 所示。

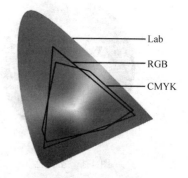

图 4-7　RGB 色彩　　　　　　图 4-8　CMYK 色彩　　　　　　图 4-9　Lab 色彩

　　人的肉眼能感知的色彩,都能通过 Lab 色彩模型表现出来。如果一个图形从一种硬件界面环境转移到另一种不同的硬件界面环境,它的颜色就会产生差异。而 Lab 色彩则可以在不同的硬件界面环境中,始终保持色彩的一致性。另外,Lab 色彩模型的绝妙之处还在于它弥补了 RGB 色彩分布不均的不足。

4.2　色彩的对比

生活中的色彩不是孤立的,它们相互冲突,相互依存。色彩的对比,是指在同一视域内,将两种以上的颜色放在一起,比较二者的差别和相互关系。色彩的对比有明度对比、色相对比、纯度对比、冷暖对比和面积对比等。

1. 明度对比

由于明暗程度的不同而形成的色彩对比称为明度对比,也称色彩的黑白度对比。将两种不同明度的色彩并置时,会使明色更亮,暗色更暗。将相同明度的灰色分别置于白底和黑底上,会感觉黑底上的灰色较亮;而白底上的灰色较暗,对比效果感觉大方、庄重而富有现代感,但也易产生过于素净的单调感,如图 4-10所示。

图 4-10　黑白灰对比

2. 色相对比

色相对比,是指在色相环上任何两种颜色或多种颜色的色彩并置在一起后,因色相之间的差别所形成的对比现象。色相是感知色彩的关键,不同程度的色相对比,既有利于人们识别色相差异,也可以满足人们对色感的不同要求。色相对比能够带给我们不同的心理感受。色相越接近,对比效果越含蓄。色相差别越大,对比效果越丰富,例如,红色与绿色、黄色与紫色、蓝色与橙色等具有互补色关系的色彩并置,如图 4-11 所示。

3. 纯度对比

纯度较高的色彩和纯度较低的色彩并置在一起时,这种鲜浊上的差异对比,称为纯度对比,亦称饱和度对比。纯度对比既可以是同一色相不同纯度的对比,也可以是不同色相不同纯度的对比。在色彩关系中,纯度对比是决定色调感华丽与古朴、高雅与通俗的关键。将不同纯度的色彩并置时,高纯度的色彩会显得鲜明,而低纯度的色彩会显得浑浊,如图 4-12所示。

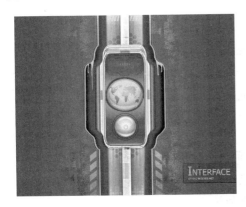

图 4-11　色相对比

图 4-12　纯度对比

4. 面积对比

将两个强弱不同的颜色放在一起时,若要达到均衡的对比效果,必须以不同的面积大小进行调整,弱色占大面积,强色占小面积。随着色彩面积大小的增减,色量也会随之增减。同一种色彩,面积越大,明度、纯度感越强;面积越小,明度、纯度感越低。在色彩关系中,只有相同面积的色彩才能比较出实际的差别,此时的对比效果最为强烈。在双方的色彩属性不变,面积不同的情况下,会削弱色彩的对比效果,如图 4-13 所示。

5. 冷暖对比

冷暖对比,是指将色彩的色性倾向进行对比。不同色相的色彩,带给人的感受也会不同。一般来说,暖色光使物体受光部分色彩变暖,背光部分则相对呈现冷光倾向,冷色光正好与其相反。色彩的冷暖感,是人们在长期生活实践中,通过联想而赋予色彩的心理属性。如看到红色会联想到火与骄阳;由蓝色联想到冰雪、蓝天。使用冷暖对比可以使画面产生丰富的层次感,如图 4-14 所示。

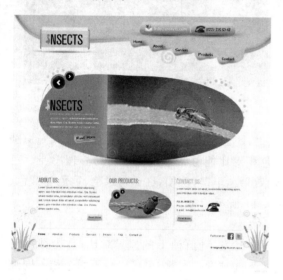

图 4-13　面积对比

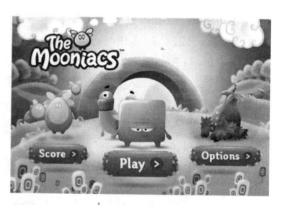

图 4-14　冷暖对比

4.3　色彩的调和

色彩调和,是指当画面色彩产生不协调时,利用两种或两种以上的色彩有秩序地组织搭配,使画面形成和谐、悦目、融洽的整体效果。通过色彩调和,可以降低色彩对比产生的过度刺激,减弱色彩对比的强度,使色彩关系趋向近似产生调和效果。因此,色彩调和是处理色彩搭配的重要手段,是获得色彩和谐统一的关键。

1. 类似色调和

类似色调和,是指在色相、纯度、明度等因素较为近似的情况下进行的调和,如类似色深红色与玫瑰红、相邻色黄色与黄绿色等。如图 4-15 所示,页面中主要以蓝色、紫色、橙色和红色进行调和,通过明度、纯度和面积上的对比来实现变化和统一。

2. 同类色调和

同类色调和,是指当两个或两个以上的色彩对比效果非常尖锐时,增加同一色相或将一种颜料混入各色,改变原色彩的明度、色相、纯度,使对比强烈的色彩趋于缓和,使画面达到调和的方法。如图 4-16 所示,该网站页面使用了同类色系,浅绿、深绿、草绿、墨绿通过明度、纯度的微妙变化产生缓和的节奏美感。

图 4-15 类似色调和

图 4-16 同类色调和

3. 渐变色调和

渐变色调和,是指色彩按层次逐渐变化的现象,是一种有秩序、有规律、有节奏的变化和形式。在色彩调和中置入相应色彩的等差、等比的渐变,能够产生由弱到强或由强到弱的色彩变化。如图 4-17 所示,图中背景使用了渐变的效果,增加了视觉空间感,使整个画面看起来和谐统一。

4. 对比色调和

对比色调和,是强调在色相相对或色性相对的色彩中寻求的调和。对比色调和的方法有:提高或降低对比色的纯度;在对比色之间插入黑、白、灰、金等分割色;对比色中加入类似色;调整色彩面积大小等处理方法。如图 4-18 所示,图中从上至下采用了橙色到绿色的过渡,并且加入了黑白色的对比,使得界面颜色非常协调、舒服。

图 4-17 渐变色调和

图 4-18 对比色调和

4.4 色彩的心理效应

人的眼睛在受到外界光线的刺激时,会影响和触动视觉神经从而产生相应的色彩感觉。当色彩出现在人的视线中,往往会引起人们对生活经验的联想以及情感的共鸣。正因如此,色彩给人的感受是丰富而奇妙的,基于这个理论,对色彩心理进行归纳和分类,更加准确和有意义地进行提炼和再创造。

1. 黑色

黑色在多数情况下是一种否定的颜色。在艺术设计中,黑色可以与任何颜色相搭配,任何颜色和黑色放在一起都会非常醒目而有活力。因此它是一种经典的流行色。黑色象征权威、高雅、低调;也意味着执着、冷漠、防御、死亡、怀疑和坚定等。在网页界面设计中,运用黑色与浅色的鲜明对比可以突出界面中的重要内容,满足人们的好奇心与求知欲,有利于用户长时间观看,如图 4-19 和图 4-20 所示。

图 4-19　主题网站中黑色的运用　　　　　图 4-20　搜索界面黑色与浅色的对比

2. 白色

白色是黑色的对立面,是虚无、否定、混乱的对立,与黑色的忍受、沉寂恰恰相反。白色拥有一尘不染的气质特征,象征着纯洁、神圣、善良、信任、寒冷、不可触及,同时白色也给人空洞、飘纱等情感暗示。白色是界面设计中使用最多的一种颜色,它同样可以与任何颜色相搭配。在设计图标时,白色独有的特性常被用于具有透明质感的反光设计中,如图 4-21 和图 4-22 所示。

图 4-21　主题图标中白色的运用　　　　　图 4-22　网站界面中白色的运用

3. 灰色

灰色意味着一切色彩对比的消失。任何色彩与灰色搭配都能变得含蓄和文静,稳定而雅致。由于它的中立性,常常被用作背景颜色。灰色具有柔和、高雅的意象,浅灰色的性格类似白色,深灰色的性格接近黑色,中性灰色则具有平和、中庸、温顺等特点。在高科技产品中,几乎都以灰色调为主来传达科技、高级的情感。作为中性色,灰色无论是作为背景颜色或是主字体的颜色都非常适合。而大面积的灰色,可以让界面中的其他颜色凸显出来。另外,灰色也是极简主义网站的首选色彩,如图 4-23 和图 4-24 所示。

图 4-23　网站界面大面积灰色的使用

图 4-24　系统主题界面中灰色的使用

4. 红色

红色是最富有冲击力和吸引力的色彩,往往给人以力量、激情、吉祥的感觉。红色是爱情、鲜血、生命的色彩;是好运、财富和政权的象征,因此也成为许多国家国旗的颜色。由于红色富有刺激性,使它有着血腥、警觉和危险的含义,因此常被用做警告、危险、禁止、防火等警示色,并且被国际上普遍用做停止通行的信号灯、信号牌等标志。随着红色的明度和纯度的变化,其含义也会发生相应的改变。例如,当红色偏近蓝色时,能够给人稳定、结实、可靠的感觉;当红色偏近紫色时,能够给人严肃、豪华、富裕和优雅的感觉;当红色靠近黄色时,红色就变得具有爆发力和煽动性,如图 4-25 和图 4-26 所示。

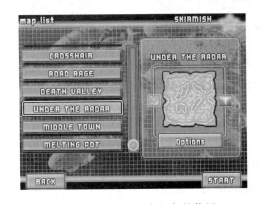

图 4-25　游戏界面中红色的使用

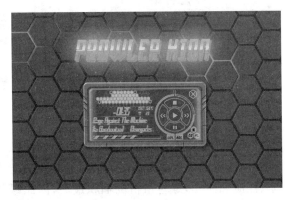

图 4-26　播放器界面中红色的使用

5. 黄色

在可见光谱中,黄色波长所处的位置偏中,而光感确是最明亮、最光辉的。黄色是一种温和的颜色,散发着温柔的魅力,象征着神圣和至高无上的权利,并且黄色还具有鲜明的民族特点和浓郁的宗教色彩。随着色相和纯度的变化,黄色给人的感受也会不同。例如,当黄色加入白色淡化为淡黄色时,会给人以平衡、文静、安详等感觉;当黄色中混入紫色、黑色、灰色呈现出土黄、焦黄色时,会丧失黄色特有的光明磊落的品格,给人以卑鄙、妒忌、怀疑等感觉;当黄色加入绿色转化为嫩黄色时,又能给人以天真、活力、稚嫩和新生的美感,如图 4-27 和图 4-28所示。

图 4-27　Roome 网站界面中黄色的使用

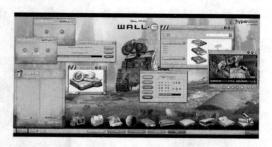

图 4-28　系统主题界面中黄色的使用

6. 蓝色

蓝色是一种具有独特气质的色彩,在可见光谱中,蓝色波长较短,属于收缩、消极的冷色调。蓝色在视觉上往往给人一种深邃、静谧、潮湿、寒冷、忧郁、科技与谨慎的感觉。它是色彩中最含蓄、最内向的颜色,无论是深蓝还是浅蓝,都会使人联想到无垠的宇宙和浩瀚的大海。多数主流操作系统的界面和科技类的网站页面都以蓝色作为主色调来凸显科技感,如图 4-29 和图 4-30 所示。

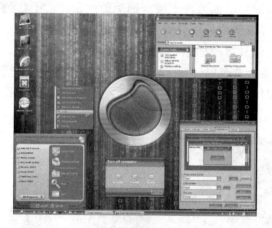

图 4-29　系统主题界面中蓝色的使用

图 4-30　Icebrrg 网站界面中蓝色的使用

7. 绿色

鲜艳纯正的绿色非常美丽、优雅,它是平静与安宁的象征,与大自然中的草木同色。除了天空、江河和海洋,绿色所占的面积最大,因此绿色也象征着生命、成长、和平、安全、青春、活泼、理想、希望等,如图 4-31 和图 4-32 所示。当绿色偏向蓝色并呈现出蓝绿色相时,绿色就变得更加坚定、稳定和持久;当绿色偏向黄色时,绿色就显得温暖、祥和、安定和健康。当绿色中加入白色呈现出浅绿色相时,会表露出宁静、清淡、凉爽、舒畅、飘逸、轻盈的感觉。当绿色加黑暗化为深绿色时,会传达出幽深、古朴、沉默、隐蔽、安稳、忧愁等情感。

8. 紫色

紫色是高贵、梦幻、虔诚和神秘的颜色,是所有色彩中最琢磨不定的颜色。在可见光谱中,波长最短,具有魅力、暧昧、华丽、优雅、庄重、奢华等性格。当紫色接近红色呈红紫色相时,会给人大胆、娇艳、甜美等心理暗示;当紫色接近蓝色而显现蓝紫色时,则传达出珍贵、恐惧、神秘等精神意念。浅紫色是少女的颜色,它蕴含优美、浪漫、梦幻、羞涩等含义,颇为适宜化妆品、内衣服饰主题的网站界面。如图 4-33 和图 4-34 所示。

图 4-31　绿色主题界面

图 4-32　播放器界面中绿色的使用

图 4-33　Annasui 网站界面中紫色的使用

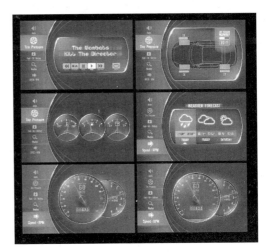

图 4-34　紫色主题界面

9. 橙色

在光谱中,橙色的波长仅次于红色,是介于红色和黄色之间的颜色。橙色对人的视觉刺激虽不及红色那样强烈,但由于其明度颇高,在空气中的穿透力极强。橙色是暖色系中最温暖的色彩,它使人联想到金色的秋天,丰硕的果实,是一种富足、快乐而幸福的颜色。鲜艳的橙色比红色更为温馨、令人陶醉,在很大程度上代表了温暖和真挚的感情。

当橙色的明度或纯度发生变化时,其性格也会随之改变。例如,当橙色混入黑色或白色呈现出灰橙色时,会成为一种稳重、含蓄、质朴的暖色。当混入较多的黑色后,就成为一种烧焦的颜色,使人产生拘谨、悲伤的感受。如图 4-35 所示。

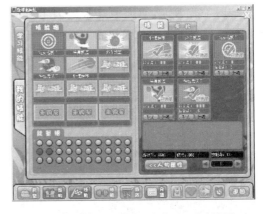

图 4-35　"篮球也疯狂"游戏界面中的橙色

4.5　UI中的色彩搭配

色彩作为第一视觉语言,本身具有非常微妙的表现力,它刺激着人们的视觉神经,左右着人们的情感。在界面设计中,无论是网页界面、手机界面、游戏界面、软件界面或是其他界面,颜色的搭配是非常重要的。当用户使用产品时,第一眼看到的不是丰富的内容、不是合理的版面布局、也不是精彩纷呈的图片,而是色彩。UI设计的成功与否,在某种程度上取决于对色彩的搭配与运用,它直接影响着人们的视觉感受,左右着信息传递的效果。

设计是一种将计划、规划、设想通过视觉的形式传达出来的创意活动,界面中的色彩需要围绕设计的相关诉求来展开。色彩搭配可以区分设计(让用户更加难忘)、引导用户(使用户专注于交互)、吸引用户(使界面布局更舒适,更有魅力),并且产生灵感(给设计师配色上的灵感)。除了产品功能和品牌知名度以外,色彩所显示出来的魅力最能激发人们的心理感受和使用欲望。因此,UI中的色彩搭配除了要考虑产品本身的特点外,还要遵循一定的艺术规律,设计出主题突出、色彩鲜明、风格统一的界面,使用户以最快的速度使用和记住你的产品。

4.5.1　整体色调的搭配

界面中的色彩不会只有一种颜色,让人感觉单调、乏味;但也不会包含所有的颜色,让人感觉轻浮、花哨。为了使设计能够充满活力,关键在于对整体色调的把握。只有控制好整体色调的明度、色相、纯度和面积之间的相互关系;处理好主色调、辅助色、背景色、强调色和融合色等关系,充分考虑到色彩的功能与作用,体现以人为本的设计思想,才能达到相对完美的搭配效果。

1. 主色调

主色调决定着整个作品的色彩格调。就像乐曲中的主旋律,在营造特定的氛围上发挥着主导作用。那么如何分辨界面中的主色调呢? 是界面中起稳定作用的颜色? 还是面积最大的颜色? 其实主色、主体色、主色调,这三者是同一意思,都是指画面中面积最大或远观时给人留下深刻印象的颜色。如图4-36所示,当打开界面或浏览网页时,人们的视线会不自觉地先落在主色上,一旦找到主色调,就会使人产生一种安定感和舒适感,然后才有精力进行其他操作。

依据产品的定位和客户的喜好,要采用不同的主色调,如红色、黄色、紫色、嫩绿色、灰褐色等。如图4-37所示,页面中以紫色为主色调,紫色给人的感觉是优雅的、高贵的、女性化的。选择该颜色对于识别和强化品牌内涵起了很大的作用,所以这里选择紫色是非常适宜的。

图4-36　主色调

图4-37　紫色作为主色调

2. 辅色

辅色在画面中的面积较小,是为了衬托主色、支持主色而存在,常常被放置在主色附近,通过对比、融合等方式提升画面的丰富感和细腻感,两者相互搭配,便会产生相映成趣之美。辅色一般为醒目突出的色彩,如图 4-38 所示,页面中两侧的黄色竖条和顶部文字虽然面积不大,但由于其抢眼的色相令沉闷的画面瞬间鲜活,充满活力。

3. 背景色

背景色有支配整个画面的能力。在界面中若隐若现的背景色,支配着画面的整体感觉,所以有时也称之为支配色。界面中足够分量的背景色,还支配着整个产品的文化定位,即便是小面积的背景色,只要包围主体,也能够发挥出预期的效果。如图 4-39 所示,画面是一个老式钟表界面,以黄铜色为背景色,支配着整个画面,给人以复古、怀旧的感觉。

图 4-38　辅色的突出效果

图 4-39　背景色支配整个画面

4. 强调色

强调色可以使缺少变化、死气沉沉的画面变得活跃起来。根据不同的设计意图,利用强调色来强调不同的内容。如图 4-40 所示,画面背景色为暗黄色,整体感觉昏暗,而红色则是一个亮点,如果没有这个颜色,画面就会显得十分枯燥。

无论是图像还是文字,在画面中总有需要强调的信息,其中强调色的面积越小,视线越集中,色彩反差越大,效果越明显。如图 4-41 所示,精心设计的按钮与显示屏互为同色系,感觉过于朴素,不醒目。而右图中,锐利的红色按钮,则令整个界面瞬间鲜活起来。由于面积较小,在强调细节的同时不会破坏整体效果。

图 4-40　红色作为强调色

图 4-41　红色按钮强调细节

4.5.2　色彩搭配的规则

色彩中的强弱、轻重、浓淡等关系,会左右色彩的平衡关系。在配色时,要遵循色彩适应性原则,从正反两方面去考虑,既要突出提升的方面又要融合平稳的方面,避免可能发生的视觉混淆。在色彩搭配中,通常有均衡、强调、支配、韵律、点缀、渐变等规则,若能将它们灵活运用,便可获得和谐的色彩效果。

1. 均衡

当界面中的色彩上下分布时,常常会面临视觉重心到底在上还是在下的选择。均衡原则是在色彩搭配时,对色彩的位置分布,如上、下、左、右等进行合理的布局。通过对画面中色彩的面积、位置、深浅、强弱等变化的调整,构成视觉上非对称的均衡感。将画面中的深色调放置在画面上方时,视觉重心会上移,这样的配色会使画面显得活泼、动感,如图 4-42 所示。当将深色调放置到画面下方时,则能够产生稳定、大气的感觉,如图 4-43 所示。

图 4-42　Kinight 网站界面的均衡设计　　　　图 4-43　Eyeforart 网站界面的均衡设计

2. 韵律

色彩的韵律,是指色彩关系中的调和与连贯,也指色彩之间渐变的关系。色彩间的韵律变化能够产生活泼动感的感觉,形成一种有规律地交替出现的秩序感。色彩韵律的表现有反复韵律、渐变韵律、突变韵律等。

(1)反复韵律是以色彩的色相、明度、纯度、形状等要素组成的形式单元,在画面中有规律地反复出现来体现节奏感。

(2)突变韵律是在色彩的秩序变化中,突然出现非秩序的因素,从而有效地打破常规、单调的节奏,产生出跌宕起伏、此起彼落的美感,使人印象深刻。

(3)渐变韵律是色相、纯度、明度、疏密、面积等依次有规律的排列,产生由冷到暖、由明到暗、由强到弱、由聚到散的逐渐过渡,形成递增或递减的色彩变化。

色彩的韵律感能够增强设计的感染力,开拓艺术的表现力,借此使用户产生不同的心理感受,如图 4-44 和图 4-45 所示。

3. 强调

在色彩搭配中,合理利用色彩的明暗、大小、软硬、冷暖等对比,能够弥补画面的单调感,使配色效果更加生动。当整体色调为高明色时,可用暗色强调;整体色调为有彩色时,可用无彩色强调。如图 4-46 和图 4-47 所示,黑色属于无彩色,加入黑色会突出界面中原有的颜色,使画面更有力度。

图 4-44 Adaptd 网站界面的韵律感

图 4-45 "糖果祖玛"游戏界面的韵律感

图 4-46 Wacom 网站界面的强调设计

图 4-47 La-grange 网站界面的强调设计

4. 融合

融合是色彩平衡的桥梁和手段。有了融合色之后,画面中的所有色彩稳定、缓和,彼此之间也有了相互呼应的感觉。如图 4-48 中标题是蓝色的,细部文字采用了天蓝色,强调的区域也使用了蓝色。

5. 渐变

色彩的渐变,是指色彩按照一定的比例递减或递增,有规律地逐渐转变到另一种颜色的连续过程。利用色相渐变、明度渐变或纯度渐变来实现柔和的传动效果,如图 4-49 和图 4-50所示。

6. 点缀

点缀是指当画面配色过于均一平淡时,通过小面积重点部位的配色,来增加亮点。点缀

图 4-48 Tvlcorp 网站界面的融合设计

色具有醒目、活跃的特点,在使用上要把握主色调与点缀色之间的比例关系,尽量抑制周边的背景色,才能达到预期的效果,如图 4-51 和图 4-52 所示。

图 4-49 "机战"网游界面的渐变设计

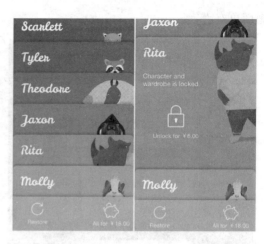

图 4-50 Dress App 界面的渐变设计

图 4-51 切换按钮的点缀设计

图 4-52 天气 App 界面的点缀设计

4.5.3 色彩搭配的技巧

在设计过程中,要合理地选取色彩,合理地运用色彩,提升色彩搭配的能力,因此需要掌握一定的配色技巧。

1. 限制色彩种类

界面中的色彩数量尽量不要超过五种,太多的色彩会使界面变得很"花",使人感觉没有方向、没有侧重。当主体色调确定好后,其余色调的搭配,一定要考虑配色与主体色的关系和搭配效果,如图 4-53 和图 4-54 所示。

2. 整体协调,局部对比

色彩总的应用原则是:整体协调,局部对比。整体协调指的是界面的整体色彩效果达到和谐,而局部对比则是通过强烈的色彩对比来突出重点。主要是通过面积大小、冷暖对比来体现界面的主次关系、中心思想。不是一种色彩面积用得越多或者越少,纯度、明度越高就能突出主体色,而是根据色彩之间的搭配效果来体现。例如,当画面中的色彩较为平淡时,可加入适当对比色使界面产生变化;当颜色变化过多时,可加入适当同类色或类似色进行统一调合,如图 4-55 和图 4-56 所示。

图 4-53　Bluebox 网站的界面色彩

图 4-54　足球 App 界面的彩色

图 4-55　强色调的加入,虽有活力,但有盖过
　　　　　主角之嫌

图 4-56　换成淡色调,起到了突出主角,
　　　　　协调画面的效果

3. 色彩的"高低调"

界面的色彩搭配要注意背景色的深浅,即高调、低调。背景色浅称为高调,背景色深称为低调。底色深,文字的颜色则要浅,以深色的背景衬托浅色的内容;反之,底色暗淡,文字的颜色就要深一些,以浅色的背景衬托深色的内容,这种深浅变化在色彩学中称为明度变化。

有些界面的底色是黑色,但文字也选用了较深的颜色,由于色彩的明度比较接近,用户在阅读时,眼睛会感觉很吃力,影响阅读效果。当然,色彩的明度也不能变化太大,否则屏幕的亮度反差太强,会令用户的眼睛感到不适。

4. 常见配色方案

(1) 暖色调

暖色调,多指给人以温暖感觉的红色、橙色、黄色以及由它们构成的色调,用来呈现温馨、和煦、热情的氛围,如图 4-57 所示。

(2) 冷色调

冷色调,是给人以凉爽感觉的青色、蓝色、紫色以及由它们构成的色调,冷色调的颜色在视觉上有收缩的作用,可以呈现出宁静、清凉、高雅、寒冷的感觉,如图 4-58 所示。

(3) 对比色调

对比色调,即将色性完全相反的色彩搭配到同一个空间里。例如红与绿、蓝与橙、黄与紫等。这种色彩的搭配,可以产生强烈的视觉效果,给人鲜艳、热闹、亮丽的感觉。但是仅通过一组对比色调,会使画面显得过于硬朗。为了追求更加稳定的色彩搭配,可以将两组对比色调交叉组合,醒目安定的同时,又具有紧凑感,如图4-59、图4-60所示。

图 4-57　Trionndesign 网站界面的暖色调

图 4-58　Stronghold 网站界面的冷色调

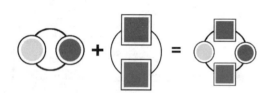

图 4-59　色调交叉组合

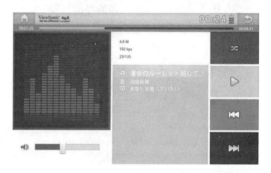

图 4-60　音乐播放界面的对比色调

4.5.4　色彩搭配指南

人的思维方式千差万别,不同的人对色彩的感受也不尽相同,当面对相同色彩时必定是仁者见仁,智者见智。虽然这种感受具有差异性,但其仍具有共同的审美习惯。在设计中,应以此为基础,根据产品的文化内涵、市场定位、受众群体以及产品功能等因素合理的进行色彩搭配。

1. 色彩的年龄表现

(1) 婴幼儿

婴幼儿的颜色要保持干净,避免强烈刺激,在色彩中一般采用干净柔和的色调来体现温柔的呵护感。母婴育儿方面相关的网站多以粉色为主,如图4-61所示。

(2) 儿童

少年儿童的天性活泼好动,对外面的世界充满着好奇,所以采用的色彩应向带有强烈刺激感的高纯度色彩发展,如图4-62所示。

图 4-61　婴幼儿色彩

图 4-62　儿童色彩

（3）成人

成人的色彩在色调分布图中分布较广,其色彩明快,纯度较高,充满活力,如图 4-63 所示。

（4）老人

老人的色彩灰度相对大,宁静素雅的色调体现了他们对生活淡定的态度。在 App 应用中,手电筒、收音机、计算器等图标多以灰色调为主,如图 4-64 所示。

图 4-63 成人色彩

图 4-64 老人色彩

2. 色彩的性别表现

（1）男性

男性的色彩要表现强大的力量感、厚重感、稳重感。深色调、暗色调都是符合男性形象的色彩。一些重金属音乐网站、游戏应用和汽车类 App 中常采用此色调,如图 4-65 所示。

（2）女性

女性的色彩要表现和蔼、亲切、温柔的感觉。习惯上多以红色为中心的暖色系来表达女性。另外,冷色系中的紫色是可以表现女性温柔的特殊色相,与美容、塑身等相关产品中常用此搭配,如图 4-66 所示。

图 4-65 男性色彩

图 4-66 女性色彩

3. 色彩的温度表现

（1）温暖

红色、橙色、茶色、粉色等以暖色为中心的色相具有温暖的感觉,如春天的色彩便以淡黄色、淡绿色、淡粉色为主,如图 4-67 所示。

提高暖色系的对比强度便可获得炎热的感觉,如图 4-68 所示。

图 4-67 温暖色彩

图 4-68 炎热色彩

（2）寒冷

寒冷的感觉主要是以蓝色为主的冷色调进行搭配。科技类的产品、网站页面、操作系统等均使用冷色进行搭配,以最大限度提高明度差为原则,来达到预定效果,如图 4-69 所示。

减少冷色系的对比强度可以降低寒冷的感觉,使画面表现出凉爽的感觉,如图 4-70 所示。

图 4-69　寒冷色彩　　　　　　　　图 4-70　凉爽色彩

4. 色彩的其他表现

（1）活力的

红橙色的色彩组合能轻易创造出有活力、充满温暖的感觉，都能在设计中展现活力与热忱，如图 4-71 所示。

（2）健康阳光的

自然的绿色与明亮的黄色一起搭配，能使人感觉稳重和舒适，如图 4-72 所示。

图 4-71　活力的色彩　　　　　　　图 4-72　健康阳光的色彩

（3）城市的

色彩能够反映出一个城市的整体风貌、个性与精神。推荐大家选择类似浅驼色、淡紫色等素雅的暖色调进行搭配，如图 4-73 所示。

（4）乡村的

与城市不同，乡村的色彩主要以土黄色、绿色、蓝色等象征农作物的色彩为主，如图 4-74 所示。

图 4-73　城市的色彩　　　　　　　图 4-74　乡村的色彩

（5）幻想的

淡紫色有高雅和魔力的感觉，与蓝色配合显得华贵梦幻，如图 4-75 所示。

（6）未来的

在强调科技、未来、效率的产品或企业形象中，大多选用蓝色为主的色彩搭配，如图 4-76 所示。

图 4-75　幻想的色彩　　　　　　　图 4-76　未来的色彩

（7）豪华的

紫色作为一种非常具有妖娆贵族气质的色彩，与红色、绿色、蓝色搭配能够产生强烈的华丽感,如图 4-77 所示。

（8）朴实的

暗色调、灰色调、土色调赋予了色彩纯净朴实感,令人心灵宁静恬淡,如图 4-78 所示。

图 4-77　豪华的色彩

图 4-78　朴实的色彩

（9）安稳的

低彩度的色彩能够营造出安稳、可靠的氛围,如图 4-79 所示。

（10）疯狂的

高纯度的色彩搭配,能最大限度的表现颜色的视觉冲击力,充满了激情,如图 4-80 所示。

图 4-79　安稳的色彩

图 4-80　疯狂的色彩

第 5 章

游戏界面设计

本章学习目标
- 了解游戏界面的设计风格
- 掌握游戏界面的分类
- 掌握游戏界面的设计原则

5.1 游戏界面概述

现如今,休闲娱乐已经成为人们生活中重要的组成部分。电视、电影、广播这些被动式的娱乐方式已经无法满足人们的需求。电子游戏作为一种现代人休闲娱乐的方式,其独特的参与式、交互式的娱乐形式正在吸引着越来越多的人加入其中。

当今中国的数字艺术已经发展到了一个崭新的高度,电子计算机技术的不断发展,游戏的汇编结构日趋复杂,在这种趋势下,早期简陋的游戏界面已经不能满足用户的实际需求,游戏制作公司也越来越重视游戏界面的视觉开发。

游戏界面是用户界面的一种表现形式,是游戏画面的重要组成部分,一般来说,电子游戏的用户界面可分为两个部分:输入界面(即玩家如何控制游戏)和输出界面(游戏如何向玩家传达行动的结果以及游戏状态等其他方面)。当今游戏如图 5-1～图 5-3 所示。

用户对游戏的直观印象来自于两方面:一方面来自于操作,另一方面则来自于界面。游戏界面是游戏的外在表现,是人和游戏之间沟通的桥梁,是玩家参与游戏,体验游戏娱乐性的通道,直接反映了玩家在游戏中的身份和状态,起到连接玩家和游戏内核的作用。玩家在进行游戏时,所见、所感、所接触的是游戏界面,而不是游戏内核,只有通过游戏界面,玩家才能够体会到游戏内核带来的乐趣。所以,游戏界面的作用之一,是让玩家了解游戏进程,以便在游戏

图 5-1 Wii 体感游戏

中随时调整策略。一个成功的游戏界面会利用反馈功能,帮助玩家快速了解游戏规则、剧情、环境以及操作方式等。因此,在设计一款游戏时,要对游戏界面进行合理的设计,更要重视玩家与游戏之间的交互体验。

图 5-2　手柄游戏机

图 5-3　触屏游戏

那么一个优秀的游戏界面应该是什么样的呢?著名的游戏开发者 Bill Volk,曾经对游戏设计写下了一个等式:"界面+产品要素=游戏"。可以看出,良好的游戏界面需要具备图形界面、实体产品界面和音效等的完美配合,三者缺一不可。其核心在于创建良好的人机交互性,使用户在游戏过程中能真正享受人机交流和人性化操作所带来的愉悦感。当玩家第一次启动游戏时,玩家首先看到的是游戏界面,而后才接触到操作,短短数分钟很难让其对游戏好坏进行评价,但通过界面却足以给玩家留下第一印象。这个第一印象在很大程度上左右着玩家对游戏的评定。同时,优秀的游戏界面还应随时给予玩家反馈,使玩家清楚了解当前的操作处于何种阶段,帮助玩家更好的完成与游戏的交互。相反,如果游戏界面设计感差,交互逻辑紊乱,会让玩家对这款游戏的印象大打折扣,后续的操作也会使玩家产生厌恶感,最终导致玩家否定整个游戏。

5.1.1　游戏界面设计的类型

游戏界面设计作为游戏制作的起点,首先要与整个游戏的风格保持一致,从色彩到质地,都应和游戏内容保持协调统一。目前主流的游戏大致包括:角色扮演、策略游戏、模拟经营、社区养成、休闲竞技、动作冒险等多种类型,题材则覆盖了科幻、历史、武侠、魔幻、体育等众多热门领域。

1. 角色扮演类游戏

角色扮演游戏,也称为 RPG 游戏,是最能引起玩家共鸣的游戏类型。在此类游戏中,玩家负责扮演游戏中的一个或数个角色,并在一个结构化规则下通过一些行动令所扮演的角色进行活动。玩家在游戏中的成败都取决于一个规则或行动方针的形式系统。RPG 游戏为玩家提供一个广阔的虚拟空间,让玩家在游戏过程中尽情的冒险、旅行和生活,如图 5-4 和图 5-5所示。

2. 策略类游戏

策略游戏提供给玩家一个思考问题、处理事情的环境,允许玩家自由控制、管理和使用游戏中的人或事物。通过这种自由的手段以及玩家们开动脑筋想出对抗敌人的办法来达到游戏所要求的目标,如图 5-6 和图 5-7 所示。

图 5-4　网页游戏"神诀"界面

图 5-5　游戏"火炬之光"界面

图 5-6　策略游戏"魔兽英雄传"界面

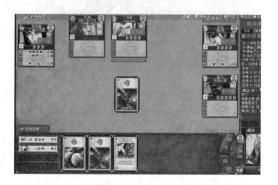

图 5-7　策略游戏"三国杀"界面

3. 动作冒险类游戏

动作冒险类游戏的特点在于绚丽的视觉效果和听觉效果。游戏中玩家使用各种武器消灭敌人以便进入下一关卡。此类游戏以纯粹的娱乐休闲为目的，游戏情节紧张，声光效果丰富，操作简单易于上手，能够带给玩家更多的成就感和游戏的乐趣，如图 5-8 和图 5-9 所示。

图 5-8　App 游戏"超级泡泡"界面

图 5-9　App 游戏"岩石奔跑者"界面

4. 休闲竞技类游戏

休闲类游戏通常指一些易上手，无须长时间进行，可以随时停止的游戏。例如，MSN 开发的休闲类游戏 Rocket Mania 中，无论背景音乐还是游戏界面都展现了浓郁的中国风貌和鲜明的民族特色。Rocket Mania 的主体动画形象采用了中华民族的远古图腾——龙为原型，并辅以中国传统的青花瓷器以及古典家具中的百宝箱作为界面的装饰器具。游戏工具栏中的选项菜单采用了中国传统建筑装饰中常见的海棠式窗棂纹样,音乐调节钮则以中国传统的团寿纹样作为装饰,体现出了深厚的中国传统文化底蕴,如图 5-10 和图 5-11 所示。

 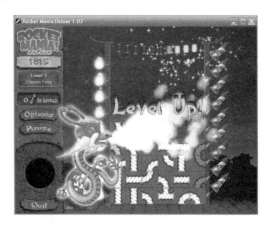

图 5-10 休闲类游戏 Rocket Mania 界面 　　图 5-11 休闲类游戏 Rocket Mania 界面

5. 模拟养成类游戏

模拟养成游戏是模拟类游戏的分支。"养成"是模拟养成游戏的核心元素。玩家需要在游戏中培育特定的对象(人或动物),并使其获得成长。和 RPG 等游戏的强冲突相比,养成类和模拟经营类的游戏节奏都偏慢,让玩家有足够的思考时间,游戏自由度较高,如图 5-12 和图 5-13 所示。

图 5-12 社区类 App 游戏"卡通农场"界面 　图 5-13 养成类 App 游戏 Monster Pet Shop 界面

5.1.2 游戏界面的分类

针对不同的游戏平台,需要设计出不同规格的游戏界面。通常把用户界面分成两大类:硬件界面和软件界面。硬件界面指的是可以直接触摸到的实体界面,如游戏手柄、键盘、控制杆等输入输出设备,用户通过操作来实现与系统的交互。软件用户界面通常包括菜单、按钮、动画、文字、声音、窗口等与用户直接或间接接触的界面。

游戏界面的构造示意图如图 5-14 所示。

1. 启动界面

启动界面是玩家单击游戏图标后,从程序启动到进入游戏主界面过程中所显示的界面。一般以高清晰度的图像或动画显示为主。它的主要功能是引导玩家快速进入游戏场景、角色、

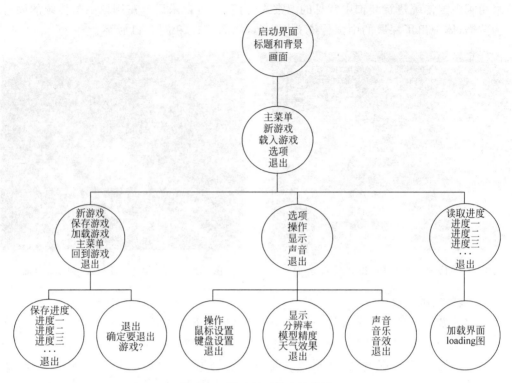

图 5-14　游戏界面构造示意图

故事情节中,或是为产品及游戏开发商做形象宣传,传达游戏制作公司、游戏名称等相关信息,如图 5-15 所示。

2. 主菜单界面

主菜单界面的主要功能是为玩家提供游戏的功能入口,帮助用户了解游戏功能以便快速进行游戏。用户在任何时候都可以调出主菜单界面,其常规布局中一般包含以下信息:

- 开始新游戏按钮:主要负责开启新游戏。
- 载入游戏按钮:也称读取进度按钮,主要负责读取游戏进度。
- 选项按钮:用来调出选项界面。
- 退出按钮:选择后弹出提示菜单,询问

图 5-15　"愤怒的小鸟"启动界面

玩家是否退出游戏,单击按钮"是"确认退出程序,单击按钮"否"则重新回到游戏。

- 制作组按钮:单击进入制作组成员介绍界面。

如图 5-16 所示,主菜单有五个选项,从上到下分别是继续游戏、开始新游戏、选项、排行榜以及成就。玩家可以选择继续游戏或重新开始一个新的游戏;选项是与游戏相关的,如声音、画面以及操作方式等设置;排行榜及成就则为游戏的额外信息。

3. 新游戏界面

新游戏界面并非是指游戏运行中的主界面,而是玩家在游戏过程中呼出的界面。新游戏界面主要包含以下信息,如图 5-17 所示。

- 保存游戏：完成玩家对游戏进度的存储任务。
- 加载游戏：玩家通过选择来读取游戏的历史记录。
- 主菜单：让玩家直接回到游戏的主菜单。

图 5-16 游戏 Super World Adventures
主菜单界面

图 5-17 游戏"三国志 11"新游戏界面

4. 读取/保存进度界面

这两个界面主要用来显示游戏的存档记录和空余的存档位置，是玩家获得游戏记录的主要途径。在设计此类界面时，应考虑存档的表现形式，是文字还是截图、是否有时间显示、存档记录的数量以及当玩家覆盖已有存档时是否有消息提示等，如图 5-18 所示。

5. 加载界面

加载界面也称 Loading 界面。由于系统配置等方面的硬件原因，玩家在进入游戏前，需要一定的等待时间用来加载游戏。加载界面的主要目的，是使玩家在等待过程中对游戏的加载进度有所了解，同时，通过丰富而有趣的进度条来拉近玩家与游戏之间的距离，调节玩家等待时的焦虑心情，如图 5-19 所示。

图 5-18 "捕鱼达人"读取进度界面

图 5-19 "新世纪"加载界面

6. 选项界面

选项界面是游戏设置的主要命令界面，玩家可以根据个人的偏好，如游戏的显示、操作、声音等属性进行设置，如图 5-20 所示。

7. 操作设置界面

操作设置界面是玩家用来更改游戏操作方式的界面，可以进行如下设置，如图 5-21 所示。

- 鼠标设置：玩家根据个人习惯更改鼠标的操作方式，比如说左键/右键攻击等；
- 键盘设置：玩家针对自己的操作偏好，通过键盘对游戏命令设置快捷键。

图 5-20 "英雄联盟"选项界面　　　　　图 5-21 "机甲世纪"操作设置界面

8. 显示设置界面

玩家在这里可以设置游戏的视频参数，如显示分辨率、画面效果等。显示界面需要提供给玩家几种分辨率来进行选择，实现玩家更改显示分辨率的功能，如图 5-22 所示。

9. 声音设置界面

玩家可以在界面中进行更改游戏背景音乐、游戏音效等操作，还可选择开启或关闭音效的操作，如图 5-23 所示。

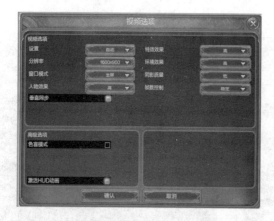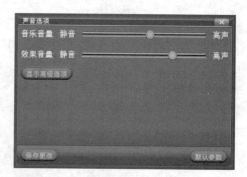

图 5-22 "英雄联盟"显示设置界面　　　　　图 5-23 "体育帝国"声音设置界面

10. 游戏主界面

游戏主界面是玩家进行游戏的主要窗口，它由多个工具栏组成，用以显示玩家的头像、等级、体力、灵力、法力等属性。主要包含以下几种，如图 5-24 所示。

- 属性工具栏：人们对于色彩的感知具有恒常性。不同的颜色代表不同的属性，不同的属性根据不同颜色的象征意义加以设计和暗示。
- 物品工具栏：用来显示玩家所带物品和道具等相关信息。界面会提供很多小图标直观地呈现道具的基本特征,一般在图标的左上角还会显示道具的数量信息,图标下面的字母代表相应的快捷键,玩家按下相应的按键即可使用该物品。

- 技能工具栏:游戏中玩家掌握的相关技能都会在这里一一呈现。一般图标下方的字母代表游戏的快捷键,按下即可使用相应的技能。

图 5-24 "魔兽世界"游戏主界面

5.1.3 游戏界面的构成元素

游戏界面中最为常见的构成元素包括按钮、滚动条、图标、列表菜单以及对话框等。

1. 按钮

按钮作为玩家发出游戏命令的关键控件,在设计中是使用最多的元素。游戏界面中的按钮一般分为选择按钮和激发按钮,根据使用状态主要分为点选效果、未点选效果和无法点选效果等。例如,在一些设置关卡的游戏中,对于玩家尚未激活的关卡,其关卡按钮的颜色应以灰色显示或在按钮上用锁形图案来表示尚不可操作的状态,如图 5-25 所示。

按钮的整体设计要简洁明快、易于识别,能够让玩家在操作时产生关联反应。群组内的按钮风格要统一,功能差异大的按钮应予以强调,如图 5-26 所示。

图 5-25 "植物大战僵尸"道具选择界面

图 5-26 按钮的整体设计

2. 对话框

对话框是人机交流的一种方式。玩家在游戏过程中经常会见到消息对话框,用以提示玩家有异常发生或提出询问等,是游戏中信息显示的区域。对话框的设计要与游戏面板的设计风格相统一,尽量节省空间,便于玩家进行切换,如图 5-27 所示。

3. 图标

利用图标可以在屏幕上同时排列许多窗口,当玩家需要对窗口进行切换时,可将含有对话框的窗口图标化,以此来节省屏幕空间,并提

图 5-27 "战国无双 4"对话框

醒用户在需要时重新点击即可。

　　游戏界面中的图标包括桌面图标、人物属性图标、道具图标等。图标设计在色彩方面要符合行业标准,不宜超过 64 色,大小多为 16×16、32×32 两种。在设计过程中,设计师应着重考虑图标的视觉冲击力,由于游戏图标是在很小的范围来表现游戏内涵的艺术,所以使用颜色不易过多,利用色彩的混色原理,可以产生很好的视觉效果,如图 5-28 和图 5-29 所示。

图 5-28　图标排列　　　　　　　　　　　　图 5-29　游戏界面图标设计

4. 列表菜单

　　游戏界面中的列表菜单一般以图形形式出现,例如游戏中的角色选择、场景选择、道具选择等。列表菜单的数量通常以多于三个少于八个为标准,因为所有的选项不会同时出现在同一画面,而是根据玩家的选择交替出现,其目的是在视觉上为玩家提供一种平衡感,提升玩家的专注度,如图 5-30 所示。

5. 指针光标

　　鼠标是进行指点和选择活动的输入设备,以指针光标的形式在屏幕上展现给用户。指针光标在整个游戏界面设计中是很重要的一个部分,也是最能吸引玩家注意的组件,因为在所有的电子游戏中,玩家都是通过鼠标的点击进行操作。游戏中光标的视觉外观应与游戏的整体风格相统一,如果游戏的主题是以中世纪欧洲风格为主,那么光标的样式应采用中世纪欧洲的设计风格;若游戏的主题是以体育竞技类为主,那么光标的设计应采用相应的体育风格。如图 5-31 所示,"轻松飞镖"是一款休闲竞技类游戏,界面中以飞镖为主题,那么指针光标的设计造型也应采用瞄准器之类的造型,甚至可将光标伪装成飞镖的一部分。

图 5-30　"急救先锋"菜单界面　　　　　　　图 5-31　"轻松飞镖"指针光标

6. 文本输入框

　　游戏界面中的文本输入框通常分为两种:一种是在大型网络游戏中,玩家可通过游戏的人物创建界面,输入角色名称,使玩家能够定义自己的游戏角色;另一种则是在一些竞技类游戏中,玩家通过排行榜得知自己所在游戏区域的各类分值,以此提高玩家的成就感,如

图 5-32 所示。

图 5-32 "天尊传奇"中的文本显示

5.1.4 游戏界面的设计要素

游戏界面是玩家与游戏进行交流互动的平台,是用户获取信息和反馈信息的主要通道。游戏界面的设计要遵循"以人为本"的设计理念,尽可能地满足游戏玩家多方面的要求。

绚丽的游戏画面是任何玩家都期望的。图形、文字、色彩等视觉符号的相互结合,为玩家带来了更加广泛的视听体验。玩家在游戏过程中通过视觉、听觉以及触觉等与游戏进行交互,享受人机交流和人性化操作带来的愉悦感。在本小节中,将对游戏界面中的视听要素——图形、文字、色彩以及声音等进行详细分析,找出视听要素在游戏界面中的作用和设计要点。

1. 布局要素

一个美观的游戏界面,离不开整体布局的设计。布局是指在一个限定面积范围内,合理安排界面中图形图像的位置,将凌乱的页面、混杂的内容依整体布局的需要进行分组归纳、组织排列,反复推敲文字、图形与控件间的关系,做到一个功能一个界面,使界面元素主次分明、重点突出,帮助用户找到所需信息,获取流畅的视觉体验。

游戏界面中所涵盖的信息包括:角色信息、功能图标、任务栏、操作栏、行动方向键(操作罗盘)以及聊天信息栏等。如此繁多的信息,如果不能合理的组织排序,会使整个界面产生布局不均衡和重要信息不突出等问题,从而很难使玩家快速掌握游戏的操作,降低玩家的游戏体验。

因此,在游戏界面设计中,要把握好布局的功能性、审美性和科学性。功能性,指界面要具有必要的操作和显示功能。审美性,即界面中的各种视觉元素协调统一、平衡一致,根据游戏主题内容和用户特点进行编排,增强界面的视觉表现力。科学性,即界面信息、功能显示、按钮位置要合理,既不能影响功能实现效果,又要便于用户操作。如图 5-33 所示,游戏"萝莉驾到"是一款动作射击类游戏,游戏主界面设计较为简洁,一切都以玩家操作为中心,突出方向键和快捷技能键,并弱化其他图标,符合动作射击类游戏的设计风格。

2. 图形要素

图形是界面设计中最直观的视觉语言，也是界面中所占空间最多的设计要素。图形的使用是否得当直接影响着界面的视觉效果。游戏界面的图形含义很广，它既包含具有发挥装饰性功能的图案、图像，又包含具有信息传达功能的按钮图标。通常情况下，界面中图形的表现风格要与游戏主题相统一，尽可能的给玩家一个完整的游戏世界。如图5-34所示，"摩尔庄园圣诞篇"是一款主打模拟经营的游戏App，设计师根据不同的画面，采用了不同的表现形式，在游戏登录界面中就可以看到雪人和缤纷的圣诞树，而在游戏中的大多图形也都延续了清新可爱的画风。

图 5-33 "萝莉驾到"操作界面　　　　　图 5-34 "摩尔庄园"登录主界面

界面中的图标按钮则肩负着传递特定操作命令的任务，设计上不仅要简洁美观，与主画面保持风格统一，还要尽量减少图形的细节设计，降低玩家的记忆负担和认知障碍，成功传达特定信息。例如，在射击类游戏中，界面中的图标通常会模拟真实世界的造型，给予玩家置身其中的游戏感觉，如图5-35所示。

3. 色彩要素

色彩丰富的表现力在游戏中不仅能够引起玩家的注意，同时还可为游戏创建特定的意境。在进入游戏时，玩家总是会最先看到界面的整体色彩，并根据第一印象判断出游戏所渲染的氛围是否符合自己的预期。

图 5-35 第一人称射击游戏"雪盲计划"界面

设计师要针对不同类型的游戏，采取不同的色彩搭配。例如，在设计一款面向女性用户的游戏时，界面的色彩多会采用粉色、浅蓝、淡紫等明快的颜色。而设计一款倾向男性用户的机甲战争类游戏则采用黑灰金属色等厚重的颜色。若使用不恰当的色彩则会严重影响玩家的心理感受，带给玩家严重的视觉疲劳感，从而导致玩家放弃你的游戏。

色彩除了调节游戏氛围，还能为玩家提供相关的反馈提示。如画面中的暖色通常会引起玩家的注意或警觉，如图5-36所示，游戏"赏金猎人：黑色黎明"中，当玩家角色的生命值耗尽面临死亡时，游戏设计者使用了一种有别于正常界面的红色画面，玩家看到整个游戏场景变成了血红色，如同人的眼睛充满血时看到的世界，带给玩家真实死亡的场景体验。反之，画面中使用冷色调则可以帮助玩家在焦虑的游戏状态中平复心情,使玩家感受到情况在掌控之中,如图 5-37 中"俄罗斯闪电战"的冷色调运用。

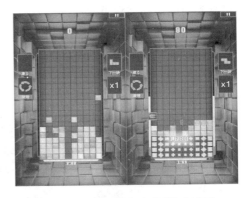

图 5-36 "赏金猎人:黑色黎明"游戏画面　　　　　图 5-37 "俄罗斯闪电战"游戏画面

在保证与主色调相统一情况下,可采用不易引起视觉疲劳的黄色、绿色和淡蓝色进行搭配;而较易产生视觉疲劳的红色、橙色和紫色应较少使用。例如,图 5-38 是一款美食模拟经营类游戏,玩家从中可以体验制作薯片的乐趣,还可以经历营运时手忙脚乱的感觉。画面的主色调采用了明亮的黄、红、橙等暖色系,不仅非常贴合游戏的主题,也营造出一种轻松、活泼的画面氛围。

多数设计师认为,只要把游戏的界面做得五颜六色,色彩斑斓便可以吸引玩家的注意,但获得的效果往往适得其反,杂乱繁多的色彩信息会增加玩家的视觉负担,给玩家带来视觉模糊和难以辨认的困扰。具体说来要注意以下几个方面。

图 5-38 游戏中暖色系符合主题

(1)遵循少即是多的原则,限制一定的色彩数量。一般同一画面中的颜色不宜超过五种。

(2)不同功能的界面需要有针对性的色彩搭配,画面中活动对象颜色应该鲜明,而非活动对象则应暗淡。对象颜色应尽量不同,前景色宜鲜艳一些,背景色则应暗淡一些。

(3)尽量避免将不兼容的颜色放在一起,如黄与蓝,红与绿等,除非作对比时用。

(4)把握色彩心理对玩家的影响,如冷色调能帮助玩家在焦虑的游戏状态中平复心情,红色表示警告、危险等。

4. 文字元素

文字作为信息传递的基本元素,在人类的生活中起着重要的作用。作为一种精准的信息传播工具,文字在界面中不仅可以直观地传达信息,起到提示和引导的作用,也可以配合图形元素,起到避免歧义的作用,是游戏界面信息描述中不可或缺的主要元素。在游戏界面设计中,文字的作用主要集中在两个方面:一是作为文字最原始的功能性元素,进行信息和情感的传递;二是作为视觉图形元素,对游戏的功能进行解释和说明。具体包括如下两点功能。

（1）提示引导功能

如图 5-39 中"煮酒英雄"的状态栏中的文字信息：城镇军队数量 606，人口（温饱）6.1 万，位置和当前信息等提示。菜单名称如：地图、任务、排行、设置、商城等具有引导功能的文字。

（2）阐释说明功能

具有说明性功能的文字，在游戏中一般以篇幅较长的阅读性材料出现。例如，游戏中对任务的文字说明，对装备属性的介绍等。例如游戏"夺魂之镰"中技能界面的文字，对技能的属性和效果做了相关阐述，如图 5-40 所示。

图 5-39　网页游戏"煮酒英雄"游戏界面

图 5-40　PS4 游戏"夺魂之镰"

绚丽的画面和多变的操作方式足以抓住玩家的眼球，而合理的字体设计在游戏界面设计中也起到了信息提供和增强互动的关键作用。界面的核心字体要与游戏的整体格调保持一致，同时又要兼顾易读性和辨识度，传递给玩家准确的游戏信息。

针对不同类型的游戏要打造不同特色的字体：如科幻类型的游戏适用规整且科技感强烈的字体；古装武侠类型的游戏则更倾向于行云流水的书法字体；Q 版可爱类型的游戏要使用造型夸张的糖果类字体。"极品飞车 11 街头狂飙"游戏是一款著名的赛车竞技类游戏，游戏主题具有浓重的美式街头文化，玩家在游戏中扮演飙车一族，快速穿梭于城市与街道之间并躲避警察的追击，游戏节奏感强，依据游戏的风格采用涂鸦的字体，将游戏的主题表现的淋漓尽致，如图 5-41 所示。"暗黑破坏神 3"是一款动作 RPG 经典游戏，游戏风格黑暗、极具魔幻效果。玩家在游戏中创建属于自己的角色，在一片黑暗土地上奔跑、杀敌、寻宝、成长。通过对字体的暗黑化设计，在细微之处捕捉到"暗黑破坏神 3"的精髓，使玩家的每一次操作都能拥有完整的游戏体验，如图 5-42 所示。

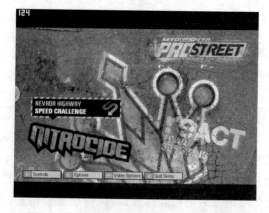
图 5-41　"极品飞车 11 街头狂飙"设置界面

图 5-42　"暗黑破坏神 3"操作界面

5.2 游戏界面的设计流程

游戏界面设计是设计艺术与计算机技术的结合体,在游戏过程中,玩家越来越注重其视觉上的美感,在感受便捷操作的同时,也期望获得犹如欣赏艺术品一样的审美享受,这就需要游戏界面具备一定的合理性、一致性、灵活性、人性化等特点。让玩家很容易地认知、学会如何操作游戏。同时,由于游戏本身情节的推进,界面的变化也应符合游戏用户需求,创建良好的人机环境。本节对游戏界面的设计原则和制作流程进行了整体描述,以便读者深入探索。

5.2.1 游戏界面的设计原则

1. 界面风格的一致性

一致性是每一个优秀界面都具备的特点。在同类游戏中,所有的菜单选项、用户输入框、对话框、功能按键和其他界面均应保持风格的一致性。让玩家在每次进入游戏后形成一个固定的操作习惯,比如状态栏总是显示在人物头像的右侧等。界面的一致性主要包括以下几方面:

(1)设计目标的一致性:界面中的 UI 往往含有组件、元素等多个组成部分。不同组件间的设计目标要保证一致。如休闲类游戏中,组件的一致性应以简化界面逻辑为设计目标,保证该目标贯彻整个游戏,而不是局部。

(2)界面格局的一致性:从游戏的主画面到操作界面到对话框界面的设计风格、控件的排列、背景、文字、色彩等,都要保持一致。对于游戏的整体风格要做到前后一致、光源一致、材质一致、背景一致等。例如,在中世纪策略性游戏中,除了要体现畅快淋漓的战斗画面,以及绚丽的动作元素之外,还要有身份、阶级等社会架构的元素,整体上带给玩家浓郁的复古感受。

(3)交互行为的一致性:游戏的操作方式要从头至尾以相同方式进行;不同类型的元素被玩家触发后,其交互行为应保持一致。界面中游戏的外接控制设备,如键盘、鼠标、方向键等操作方法的定义应尽量与系统上的操作方式保持一致。

2. 界面的简洁易用性

当玩家接触一个新游戏后,很少会在游戏开始前阅读大量的操作说明,他们会选择直接进入游戏。所以界面的设计,要容易让人理解和接受,第一个目标便是让游戏界面尽可能的简洁易用。

游戏界面应具有直观性。功能直观,操作简单,状态明了的界面才能让玩家快速上手。界面上的关键信息要简化,可将一些功能性界面放在界面中的次要位置,并进行分化汇总,从而使主界面调理清晰。对于玩家短时间记忆信息的局限性,应在游戏主画面中提供链接按钮,用以调出游戏控制设置的相关信息,使用户方便地理解游戏的操作,并且乐于使用,让用户在游戏过程中真正享受人机交流和人性化操作所带来的愉悦感。

3. 容错性原则

玩家是人而不是机器,在判断和使用上的错误在所难免,根据这一情况,在设计时应具有点错返回、反悔的相关设置。在用户启动不易恢复或有重大影响的操作时,要提醒用户可能引起的后果。例如,在对游戏进程进行存档或删除时,应弹出相应对话框,请求用户确认是否删除或覆盖当前存档。除此之外,界面还应具备主动纠正用户错误的功能,对于游戏用户的错误操作进行自动的更正。例如,在一些策略类游戏中,玩家给予友方玩家资源的输入数量大于目前所拥有的资源数量时,系统应自动调整至当前最大的资源数量给予对方。

4. 反馈性原则

反馈性原则,指玩家对游戏的每一次操作后,从游戏本身得到的反馈信息,是游戏对用户操作的反应。简而言之,对于用户的每次一操作行为,游戏都要为玩家提供有意义、准确、简洁的信息给予反馈。如果游戏本身没有反馈,用户就无法判断当前的操作是否正确,是否应进行下一步操作等。

5. 习惯性原则

认知心理学认为,人的习惯是很难改变的。设计师需要结合玩家的认知背景,在操作习惯上符合玩家的心理认知,提高游戏的交互性。游戏的画面应尽量简单并且符合玩家在真实世界中的认知习惯,界面中功能按键的定义要非常清楚,想用户所想,做用户所做,尽量保证在同类型游戏的操控中保持一致。例如,在RPG游戏中,单击为行进,右击则为攻击的模式已经深入玩家心中。

6. 便捷性原则

游戏要提供自定义操作的功能,使玩家可以根据实际需要,对游戏的相关功能进行自定义配置,以便更加快捷地操作游戏。例如在模拟战略类游戏中,通过在画面上拖拉一个选区的范围框,只进行一步操作便可选取画面中多个选项。

5.2.2 游戏界面的设计流程

在设计一款游戏前,要明确以下几项内容:玩家类型(包括玩家的年龄,性别,爱好,收入以及教育程度等)、游戏的时代背景、表现手法、操作模式、程序技术、市场定位和研发时间等。游戏的时代背景直接决定着游戏界面的整体设计风格,更是设计师在设计游戏时的主要依据。

例如,著名游戏公司——暴雪公司出品的角色扮演类游戏"魔兽世界"中,游戏的时代背景架构在虚幻的欧洲中古世纪,如图5-43所示。在最经典的射击类游戏"沙罗曼蛇"中,游戏场景被设定在人体内部,使得玩家在感受游戏娱乐性的同时,也对人体内部的基本构造有了一定了解,达到了寓教于乐的效果,如图5-44所示。

图5-43 "魔兽世界"游戏界面

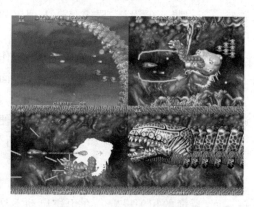

图5-44 "沙罗曼蛇"游戏截图

总的来说,游戏界面的设计流程主要包括:产品调研——初始文案——概念设计——项目生产——视觉设计——前端开发——程序开发——测试调试——评估。

在游戏开发初期,设计人员会构思出游戏的初始文案,确定好游戏的时代背景、游戏风格、主要角色等内容,将其作为新项目的开发说明。概念设计人员根据文案描述,确立符合游戏世界观的艺术风格,之后会由原画设计人员设计出任务、场景、菜单的草图,最后连同初始文案一起进行最终审核,得到批准后,整个游戏项目就可以开始制作了。

项目启动后,游戏设计人员会提出更加完整的设计、美术、技术等细节,让原画绘制人员能够进行更加详细的设计。之后,再将设计稿交给艺术设计部门,由美工人员根据设计稿制作出游戏所需要的形态,让各个细节逐渐丰满,包括角色设定、人物动作、关卡特征等。在此期间,一旦游戏界面设计人员遇到困难,会随时和其他部门进行协商,在确定界面最终效果前,游戏界面设计人员要始终与开发人员保持高度的协调,共同商讨和修改方案,以便确立游戏界面的最终标准。

5.3　游戏 UI 界面制作实例

本节主要以 3D 游戏图标为例,详细讲解 3D 游戏图标在 Maya 软件中的制作过程。

5.3.1　武器图标制作

1. 武器图标模型制作

(1) 打开 Maya,选择 File→Project→Set 命令,指定文件保存路径 D:MAYA\wuqi,切换到 Polygons 模块,选择 Mesh→Create Polygon Tool(创建多边形工具)命令,如图 5-45 所示。

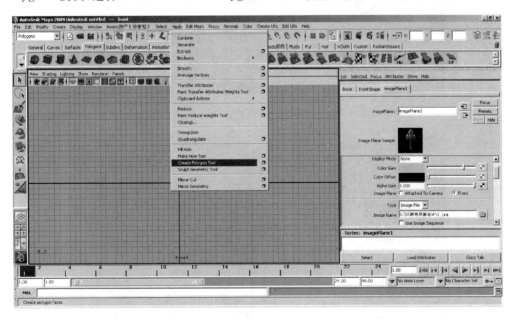

图 5-45　选择 Create Polygon Tool 命令

(2) 在 front 视图绘制模型轮廓,如图 5-46 所示。

(3) 继续绘制内部轮廓,如图 5-47 所示。

(4) 绘制内外部轮廓连接线,注意保持四边面,如图 5-48 所示。

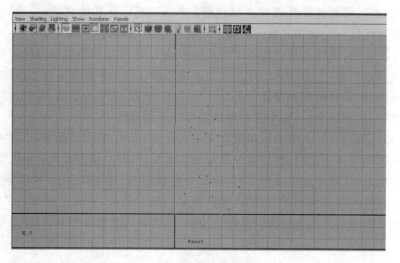

图 5-46　绘制模型轮廓

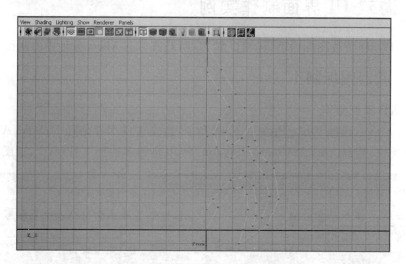

图 5-47　绘制内部轮廓

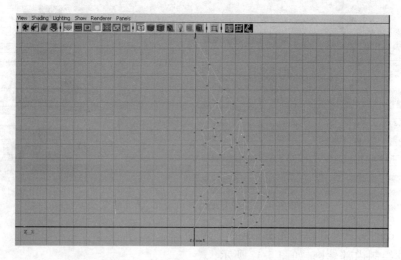

图 5-48　绘制内外部轮廓连接线

（5）把物体挤出厚度，选择 Edit Mesh→Extrude 命令，并调节挤压厚度，如图 5-49、图 5-50 所示。

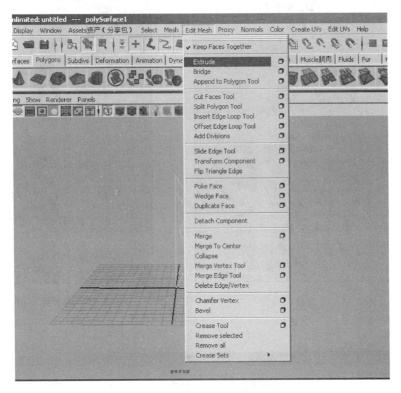

图 5-49 选择 Extrude 命令

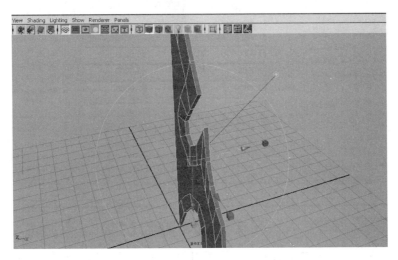

图 5-50 调节挤压厚度

（6）背面及内侧面，如图 5-51 所示。

（7）选择中间的面，沿 Z 轴拉出厚度，如图 5-52 所示。

（8）选择物体进行关联复制，选择 Edit→Duplicate Special 命令，修改 Geometry type 为 Instance，Scale X 轴为−1，如图 5-53 所示。

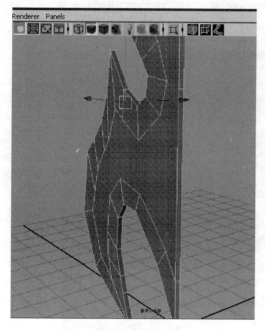

图 5-51　背面及内侧面

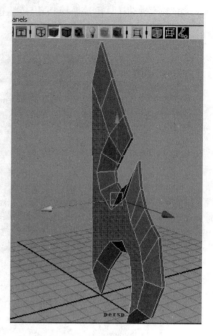

图 5-52　沿 Z 轴拉出厚度

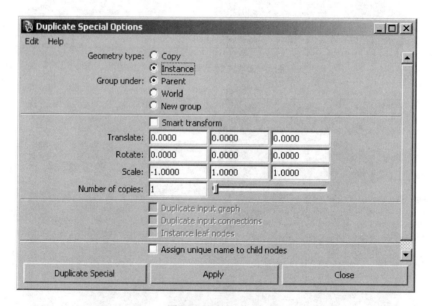

图 5-53　关联复制

（9）再把原物体和新复制出来的物体进行打组，选择 Edit→Group 命令，如图 5-54 所示。

（10）把组的坐标中心吸附到物体的顶端，如图 5-55 所示。

（11）为组创建关联复制，选择 Edit→Duplicate Special 命令，修改 Geometry type 为 Instance，Scale Z 轴为−1，如图 5-56 所示。

（12）由于刀的刃应该是锋利尖锐的，所以要把刀刃两边的点进行合并定点，选择 Edit Mesh→Merge Vertex Tool 命令，如图 5-57 所示。

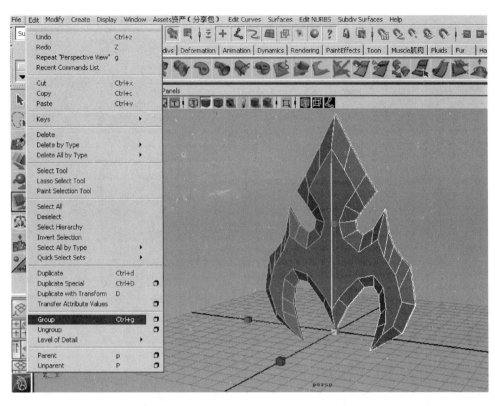

图 5-54　选择 Group 命令

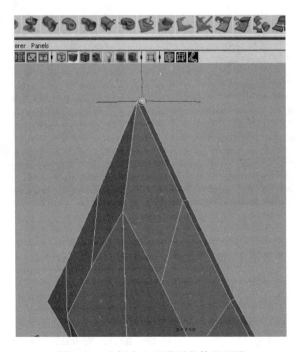

图 5-55　坐标中心吸附到物体的顶端

（13）刀中间部分应是突起，需要进一步为中间面进行布线，并对刀整体厚度进行调整，如图 5-58 所示。

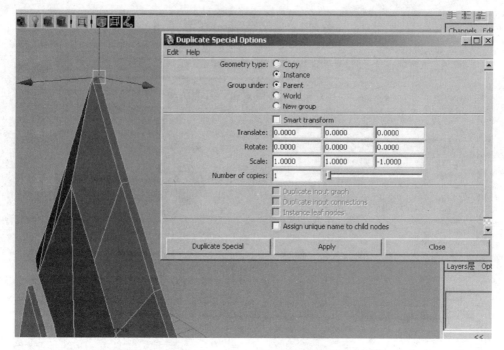

图 5-56　关联复制

图 5-57　选择 Merge Vertex Tool 命令

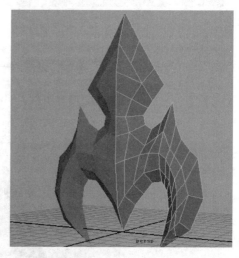

图 5-58　调整厚度

（14）新建层，把刀放进层里，继续绘制刀柄，选择 Mesh→Create Polygon Tool（创建多边形工具）命令，如图 5-59 所示。

（15）继续为手柄增加厚度，选择 Edit Mesh→Extrude 命令，如图 5-60 所示。

（16）把刀柄的背面和内侧面删除，如图 5-61 所示。

（17）为刀柄进行关联复制，选择 Edit→Duplicate Special 命令，修改 Geometry type 为 Instance，Scale X 轴为－1。在 front 视图，继续为刀柄画线，选择 Edit Mesh→Split Polygon Tool 命令进行属性设置，如图 5-62 所示。

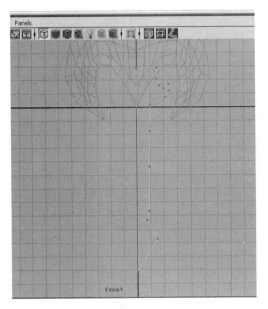

图 5-59 创建刀柄

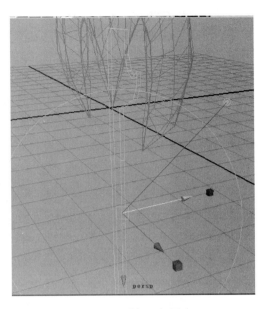

图 5-60 增加刀柄厚度

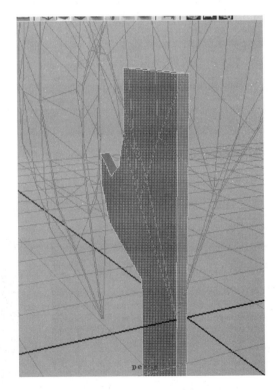

图 5-61 删除背面和内侧面

（18）在 Split Polygon Tool 属性设置中，取消选择 Split only from edges 选项，如图 5-63 所示。

（19）为刀柄添加布线，如图 5-64 所示。

（20）继续完善刀柄布线，如图 5-65 所示。

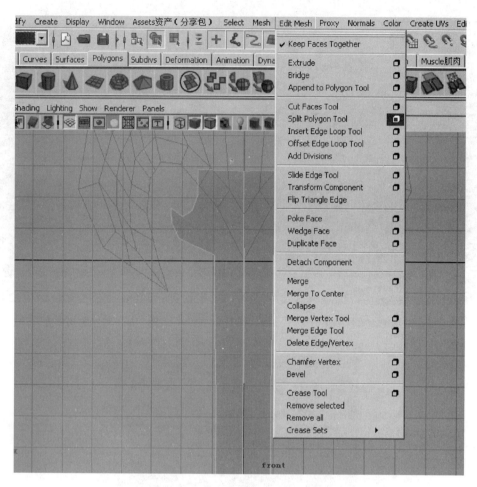

图 5-62 选择 Split Polygon Tool 命令

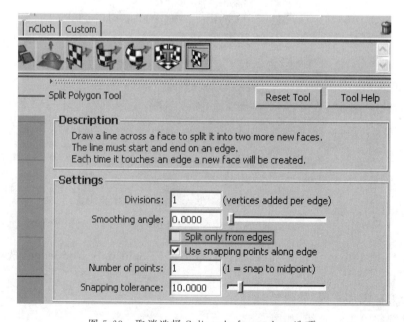

图 5-63 取消选择 Split only from edges 选项

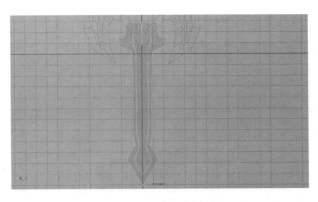

图 5-64 添加刀柄布线

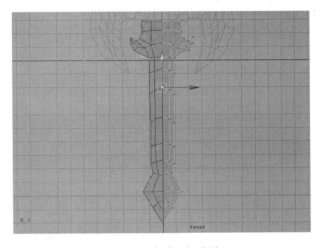

图 5-65 完善刀柄布线

（21）对刀柄进行复制，先要调整物体坐标中心，按住键盘的 D 键的同时按住 V 键，将物体坐标中心吸附到刀柄上，如图 5-66 所示。

图 5-66 调整坐标中心

（22）对刀柄进行关联复制，复制出另一侧刀柄，如图5-67所示。

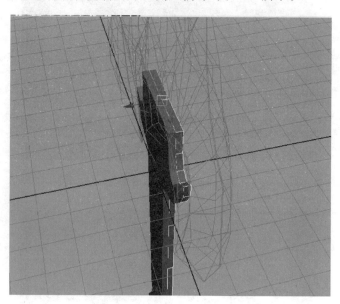

图5-67　复制另一侧刀柄

（23）调节刀柄弧度，如图5-68所示。

（24）将刀柄上方锋利边缘进行合并，如图5-69所示。

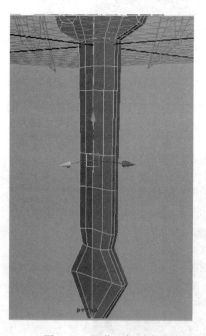

图5-68　调节刀柄弧度

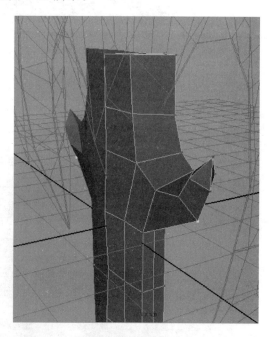

图5-69　合并刀柄边缘

（25）接下来将刀柄进行合并，如图5-70所示。

（26）下面就要为刀刃和刀柄添加材质了，选择 Window → Rendering Editors → Hypershade命令，为刀刃和刀柄添加 Blinn 材质，如图5-71、图5-72所示。

（27）选择 Create UVs→Planar Mapping 命令，进行平面映射，如图5-73所示。

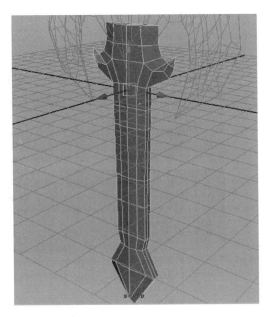

图 5-70　合并刀柄

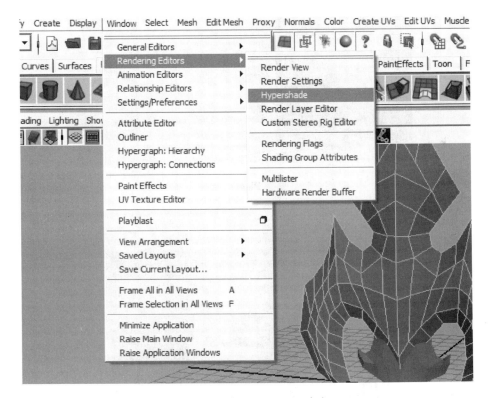

图 5-71　选择 Hypershade 命令

（28）选择 Window→UV Texture Editor 命令，查看刀刃和刀柄的 UV，如图 5-74 所示。

（29）由于此 Knife 正反两面一致，所以只要将刀刃和刀柄的 UV 调整好就可以，如图 5-75 所示。

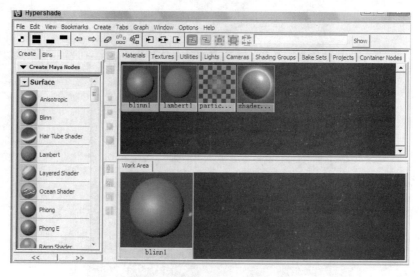

图 5-72　添加 Blinn 材质

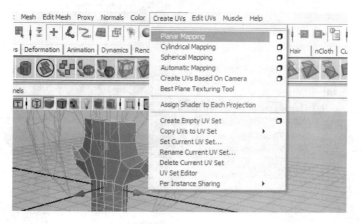

图 5-73　选择 Planar Mapping 命令

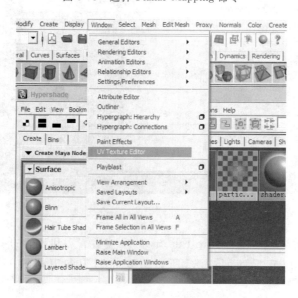

图 5-74　查看刀刃和刀柄 UV

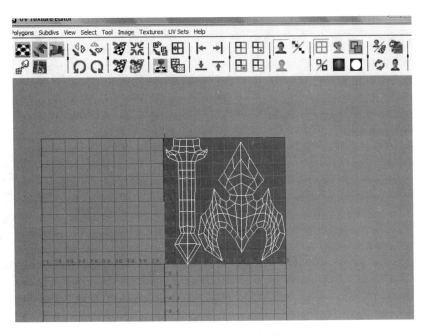

图 5-75 调整刀刃和刀柄 UV

（30）下面将 Knife 的 UV 图输出到 Photoshop 中进行贴图的绘制，如图 5-76 所示。

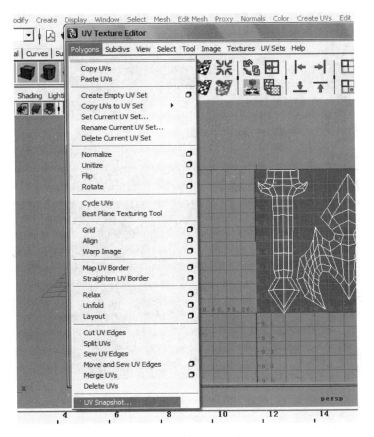

图 5-76 输出 UV 图

2. 武器图标贴图制作

（1）选择"文件"→"新建"命令，弹出"新建"对话框，对相关参数进行设置，单击"确定"按钮，如图 5-77 所示。

（2）将背景色填充为黑色，并调入 UV 的网格线框，如图 5-78 所示。

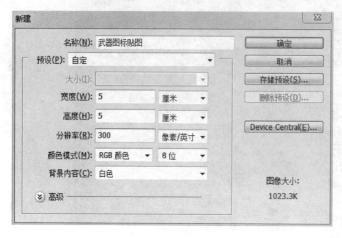

图 5-77　新建文件　　　　　　　　　　　　图 5-78　填充背景色

（3）选择"套索工具"、"魔棒工具"，创建武器各部分选区范围，如图 5-79 所示。

图 5-79　选区创建

（4）新建图层，分别填充灰色（R：85、G：85、B：85）、暗红色（R：95、G：23、B：23）、深黄色（R：109、G：70、B：23）等基础颜色，效果如图 5-80 所示。

（5）新建图层，选择"画笔工具"，颜色设置为灰色，为刀刃和手柄绘制出基本的暗部结构，并将图层的混合模式设置为"正片叠底"，如图 5-81 所示。

图 5-80 填充颜色

图 5-81 绘制暗部结构

（6）新建图层，选择"画笔工具"，颜色设置为白色，为刀刃和手柄绘制出基本的亮部结构，并将图层的混合模式设置为"叠加"，如图 5-82 所示。

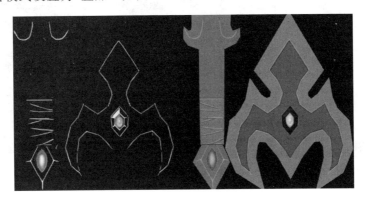

图 5-82 绘制亮部结构

（7）使用相同方法，为刀刃和刀柄绘制出立体感，如图 5-83 所示。

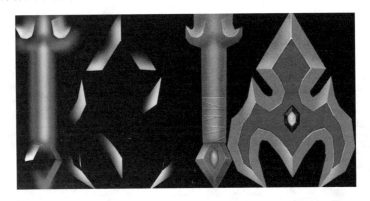

图 5-83 增加立体感

（8）加入烘焙贴图，如图 5-84 所示。

（9）将烘焙图层的混合模式设置为"正片叠底"，并将透明度调整为 50%，得到如图 5-85 所示效果。

图 5-84 烘焙贴图

图 5-85 效果

（10）导入几张金属材质素材，将图层混合模式设置为"叠加"，如图 5-86 所示。

（11）新建图层，选择"画笔工具"，设置颜色为白色，为刀刃和刀柄亮部增加高光，如图 5-87 所示。

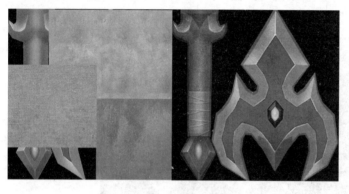

图 5-86 叠加图层

图 5-87 增加亮光

（12）将高光图层的混合模式设置为"叠加"，并适当调整整体色调，如图 5-88 所示。

（13）将调整后的贴图效果贴到模型上，最终效果如图 5-89 所示。

图 5-88 调整色调

图 5-89 武器图标最终效果

5.3.2 箱子图标制作

1. 箱子图标模型制作

（1）切换到 Polygons 模块，选择 Create→Polygon Primitives→Cube（创建多边形立方体）命令，并进行修改制作出模型基本形状，如图 5-90 所示。

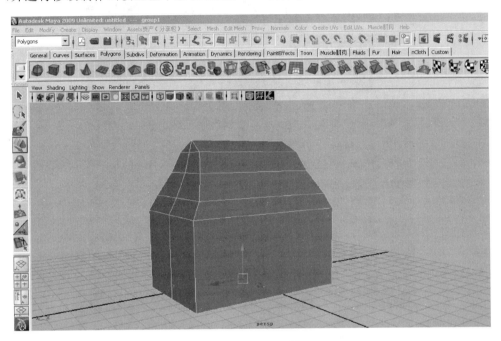

图 5-90 绘制箱子模型

（2）删除模型另一侧，并选择 Edit→Duplicate Special 命令，关联复制出另一侧物体，如图 5-91 所示。

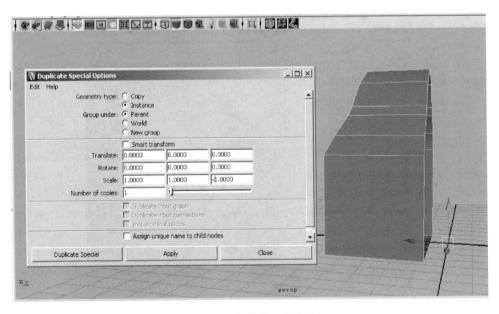

图 5-91 复制另一侧物体

（3）选择 Edit Mesh→Split Polygon Tool 命令，进一步修改模型侧面，做出房沿，如图 5-92 所示。

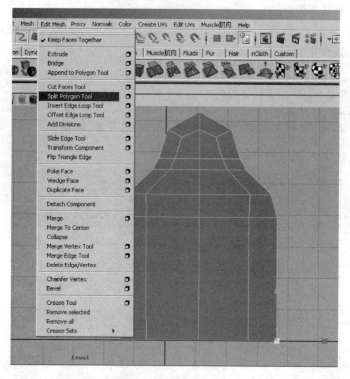

图 5-92　做出房沿

（4）继续细化模型，选择 Edit Mesh→Extrude（挤出）命令，如图 5-93 所示。

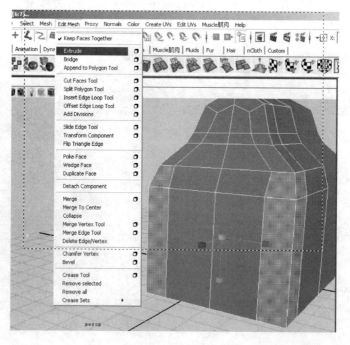

图 5-93　细化模型

（5）选择 Edit Mesh→Insert Edge Loop Tool 命令，添加环形边，如图 5-94 所示。

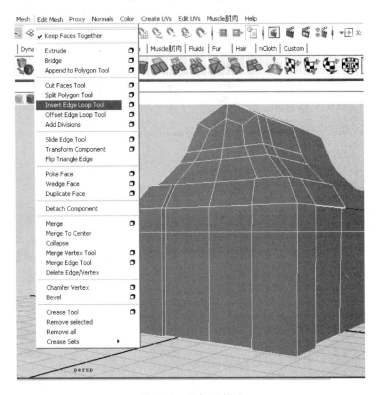

图 5-94　添加环行边

（6）选择 Edit Mesh→Extrude（挤出）命令继续挤出面进行制作，如图 5-95 所示。

（7）调整另一侧模型外形，如图 5-96 所示。

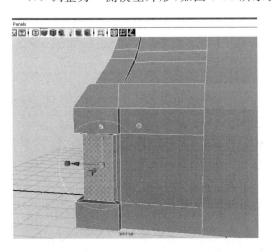

图 5-95　挤出操作

图 5-96　调整另一侧模型外形

（8）继续编辑细节，对所选面进行挤压，如图 5-97 所示。

（9）选择 Edit Mesh→Insert Edge Loop Tool 命令，添加两条环形边，如图 5-98 所示。

（10）继续挤压出新面，如图 5-99 所示。

（11）挤压并修改新面，并调整角度，如图 5-100 所示。

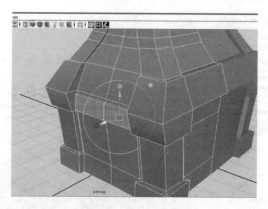

图 5-97　挤压所选面

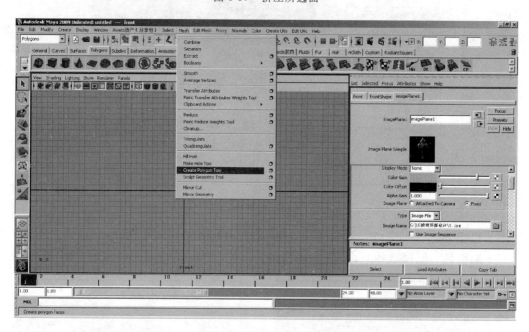

图 5-98　添加两条环形边

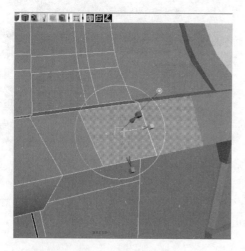

图 5-99　挤压新面

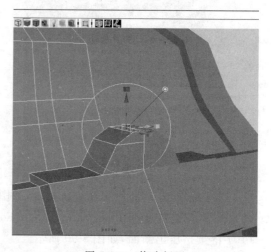

图 5-100　修改新面

（12）最后制作出锁头部分，如图 5-101 所示。

2. 箱子图标贴图制作

（1）选择"文件"→"新建"命令，弹出"新建"对话框，对相关参数进行设置，单击"确定"按钮，如图 5-102 所示。

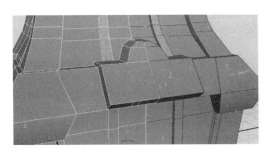

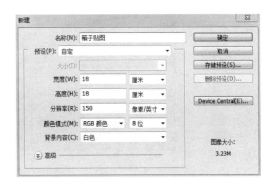

图 5-101　制作锁头

图 5-102　新建文件

（2）调入 UV 网格，选择"油漆桶工具"，颜色设置为灰色，填充背景色，如图 5-103 所示。

（3）新建图层，选择"油漆桶工具"，填充箱子的基础颜色，红色（R:188、G:66、B:63），黄色（R:206、G:145、B:70），深灰色（R:101、G:89、B:84），如图 5-104 所示。

图 5-103　填充背景色

图 5-104　填充箱子颜色

（4）新建图层，选择"画笔工具"，颜色设置为黑色，绘制箱体的暗部结构，并将图层混合模式设置为"正片叠底"，如图 5-105 所示。

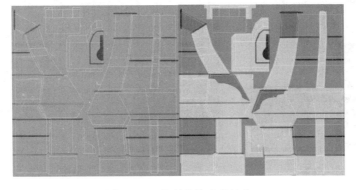

图 5-105　绘制箱体暗部结构

（5）新建图层，选择"画笔工具"，颜色设置为白色，绘制箱体的亮部结构，并将图层混合模式设置为"叠加"，如图 5-106 所示。

图 5-106 绘制箱体亮部结构

（6）加入烘焙贴图，如图 5-107 所示。

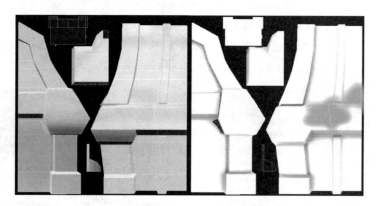

图 5-107 加入贴图

（7）将烘焙贴图图层的混合模式分别设置为"正片叠底"、"叠加"，得到如图 5-108 所示效果。

（8）添加"色相/饱和度"图层，设置明度值为"－29"，如图 5-109 所示。

图 5-108 效果　　　　　　　　　　图 5-109 添加图层设置参数

（9）新建图层，选择"画笔工具"，颜色设置为白色，为箱体添加立体感，并将图层混合模式设置为"叠加"，如图 5-110 所示。

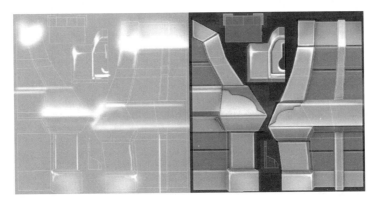

图 5-110 添加箱体立体感

（10）添加"色相/饱和度"蒙板图层、"曲线"蒙板图层，并设置相关参数，如图 5-111 所示。

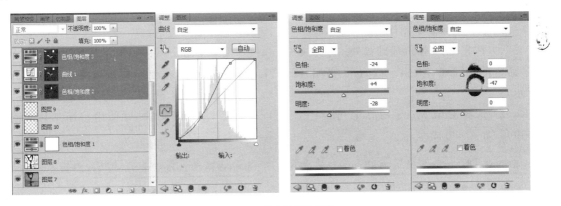

图 5-111 设置相关参数

（11）得到如图 5-112 所示效果。

（12）新建图层，选择"画笔工具"，为箱体添加环境色，并将图层混合模式设置为"颜色"，如图 5-113 所示。

图 5-112 效果

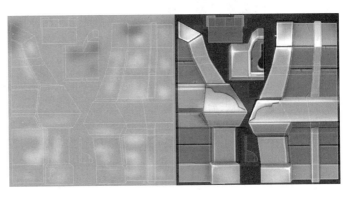

图 5-113 添加环境色

（13）添加"色相/饱和度"、"亮度/对比度"图层，并设置相关参数，如图 5-114 所示。

（14）将调整后的贴图效果贴到模型上，最终效果如图 5-115 所示。

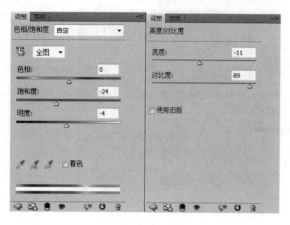

图 5-114　添加图层设置参数

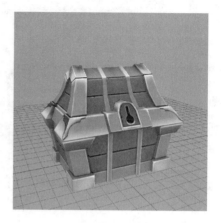

图 5-115　箱子图标最终效果

5.3.3　书本图标制作

1. 书本图标模型制作

（1）首先创建书的基础模型，选择 Create→Polygon Primitives→Cube（创建多边形立方体）命令，使用 Edit Mesh→Extrude（挤出）继续挤出面，进一步制作出模型基本形状，如图 5-116 所示。

（2）选择 Edit Mesh→Insert Edge Loop Tool 命令，添加环形边，并使用挤压工具为书制作边角，如图 5-117 所示。

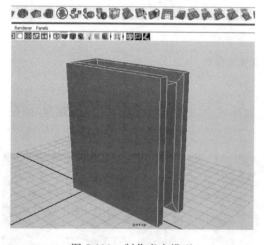

图 5-116　制作书本模型

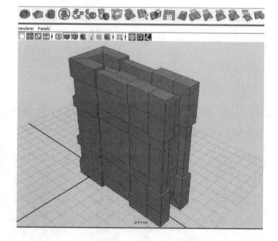

图 5-117　为书制作边角

（3）选择 Edit Mesh→Insert Edge Loop Tool 命令，添加环形边，调整细节形状如图 5-118 所示。

2. 书本图标贴图制作

（1）选择"文件"→"新建"命令，弹出"新建"对话框，对相关参数进行设置，单击"确定"按钮，如图 5-119 所示。

图 5-118　调整细节形状　　　　　　　　图 5-119　新建文件

（2）调入 UV 网格，选择"油漆桶工具"，颜色设置为灰色，填充背景色，如图 5-120 所示。

（3）新建图层，选择"油漆桶工具"，填充书本的基础颜色，橘黄色（R:180、G:98、B:48），深灰色（R:49、G:51、B:50），土黄色（R:138、G:111、B:90），如图 5-121 所示。

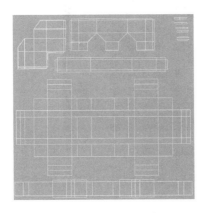

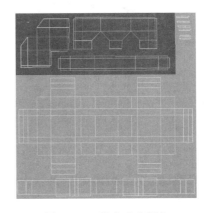

图 5-120　填充背景色　　　　　　　　图 5-121　填充书本颜色

（4）加入烘焙贴图，如图 5-122 所示。

（5）将烘焙贴图图层的混合模式分别设置为"正片叠底"、"叠加"，得到如图 5-123 所示效果。

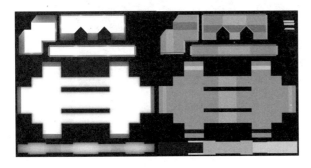

图 5-122　加入贴图　　　　　　　　图 5-123　设置图层混合模式

（6）新建图层,选择"画笔工具",添加书本细节,并设置图层混合模式为"叠加",如图 5-124 所示。

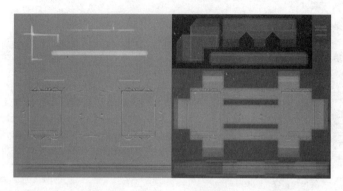

图 5-124　添加书本细节

（7）新建图层,继续使用"画笔工具",绘制阴影效果,并设置图层混合模式为"柔光",如图 5-125 所示。

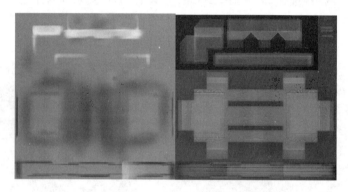

图 5-125　绘制阴影效果

（8）新建图层,选择"画笔工具",为书本添加环境色,并设置图层混合模式为"颜色",如图 5-126 所示。

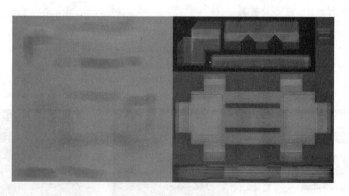

图 5-126　添加环境色

（9）添加"曲线"蒙版图层、"亮度/对比度"蒙版图层,并设置相关参数,如图 5-127 所示。

（10）将调整后的贴图效果贴到模型上,最终效果如图 5-128 所示。

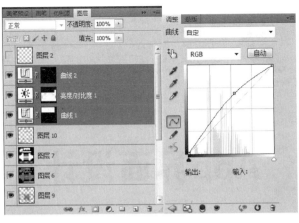

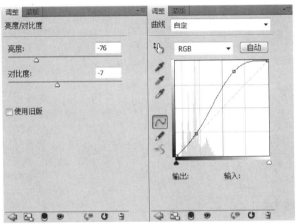

图 5-127　添加蒙版图层，设置相关参数

图 5-128　书本图标最终效果

第 **6** 章

App界面设计

本章学习目标

- 了解 App 界面的类别及特征
- 熟练掌握 App 界面设计的原则
- 熟练掌握 App 案例

本章介绍 App 界面设计的相关概念,包括什么是 App、App 界面布局和常用元素、App 常用控件制作与界面设计实例。

6.1　App 概述

在智能手机的领域中,App(Application)指的是手机的第三方应用程序。App 作为一种萌生于智能手机的盈利模式,开始被更多的互联网电商所看重,譬如新浪的微博开发平台、淘宝的开放平台以及百度的应用平台。这些平台标志着 App 将是企业移动互联网的身份证,在移动互联网的商业价值链中占有至关重要的地位。比较著名的 App 商店有:Apple 的 App Store、Blackberry 的 BlackBerry App World、Android 的 Android Market、微软的 Marketplace,以及 Google 的应用商城。图 6-1 和图 6-2 分别为 Android 与 iPhone 客户端在 App 商店中的展示效果。

图 6-1　Android 系统部分 App 客户端图标展示

图 6-2　App Store 部分 App 客户端图标展示

每一个图标代表着一个 App 客户端。这些 App 都具有特定的功能,如具有音乐播放功能的酷狗音乐播放器、图片美化功能的美图秀秀、手机清理功能的 360 卫士、输入功能的 QQ 输入法等。

6.1.1　App 界面类型

市场上的应用软件种类繁多,用户花在应用上的时间也越来越长。正是因为有了它们的存在,手机才可以实现丰富多样的功能,成为人们生活的伴侣和连接人们生活的中心。

App 应用涉及生活中的各个领域,从内容功能上,根据苹果 App Store 的分类标准,包括报刊杂志、财务、参考、导航、工具、健康、教育、旅行、商业、社交、摄影、生活、体育、天气、图书、效率、新闻、医疗、音乐、游戏、娱乐等 21 种应用。本节将 App 的应用类型进行了归纳,一般来说可将其分为以下几类。

1. 社交类 App:微信、新浪微博、人人网、QQ 空间、来往、陌陌等,如图 6-3 所示。

2. 地图导航类 App:百度地图、凯立德导航、SoSo 地图、Google 地图等,如图 6-4 所示。

图 6-3　微信

图 6-4　百度地图

3. 网购支付类 App:淘宝、京东商城、当当网、大众点评、团购大全等,如图 6-5 所示。

4. 生活消费类 App:去哪儿网、百度旅游、携程网、58 同城、赶集网等,如图 6-6 所示。

图 6-5　淘宝

图 6-6　携程

5. 查询工具类 App：墨迹天气、我查、快拍二维码、盛名列车时刻表、航班管家等，如图 6-7 所示。

6. 拍摄美化类 App：美图秀秀、百变魔图、照片大头贴、GIF 快手、3D 全景相机等，如图 6-8 所示。

图 6-7　快拍二维码

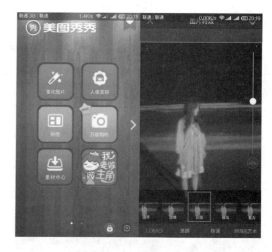

图 6-8　美图秀秀

7. 新闻资讯类 App：网易新闻、鲜果联播、掌中新浪、中关村在线、搜狐新闻等，如图 6-9 所示。

8. 影音播放类 App：酷我音乐、奇艺影视、虾米音乐、手机电视、PPTV、QQ 音乐等，如图 6-10 所示。

6.1.2　App 界面常用布局

1. 平铺列表布局

平铺列表是最常用的布局之一。这种布局以横条状平铺的方式展现，界面中的文字是横排显示的。因此，在平铺列表中可以包含比较多的信息。平铺列表在视觉上整齐美观，可以图文并茂地进行信息的展示，图 6-11 所示为平铺列表布局。

图 6-9　搜狐新闻

图 6-10　虾米音乐

2. 横排方块布局

横排方块是把并列元素横向显示的一种布局方式。在屏幕宽度的限制下,其展现的内容十分有限,但可通过左右滑动屏幕或点击箭头查看更多内容,图 6-12 所示为横排方块布局。

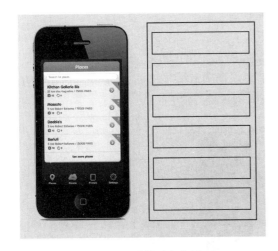

图 6-11　平铺列表布局

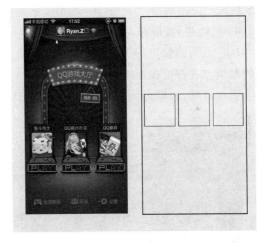

图 6-12　横排方块布局

3. 九宫格布局

顾名思义,这种布局方式通常是在画面中以九个格子呈井状排列进行展示,但也可以是 8、12、16 等形式布局。它的优势在于使用户快速找到入口,展示形式简单明了,用户接受度高。此类布局适用于丰富的内容展现,且内容适合分类聚合,图 6-13 所示为九宫格布局。

4. Tab 布局

这种布局可以减少界面跳转的层级,可以将并列的信息通过横向或竖向 Tab 来展现。与传统的架构方式相比,此类布局可以有效减少用户的点击次数,提高操作效率,用户点击界面上的信息便可看到隐藏的内容,图 6-14 所示为 Tab 布局。

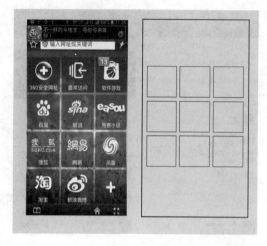

图 6-13 九宫格布局

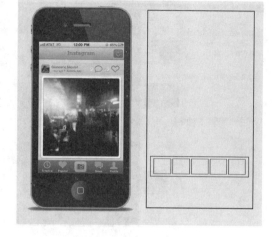

图 6-14 Tab 布局

5. 弹出框布局

弹出框是较为常见的一种布局方式。弹出框可以将内容隐藏起来,仅在需要的时候才弹出,以节省屏幕空间。它最大的特点是可以在原有的界面上进行操作,不需要跳出界面,操作体验比较连贯。弹出框在 Android 系统上的使用也很普遍,比如菜单、单选框、多选框等,在 iOS 系统上使用则相对少些,图 6-15 所示为弹出框布局。

6. 侧边栏/抽屉布局

从左右两侧拉出的为侧边栏布局方式;从顶部或底部拉出的方式为抽屉式布局方式。这两种布局方式都可在原有的界面上进行操作,具有流畅的操作连贯性。抽屉式布局在交互体验上更加自然,和原界面融合较好,如图 6-16 所示为侧边栏/抽屉布局。

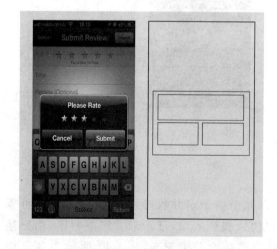

图 6-15 弹出框布局

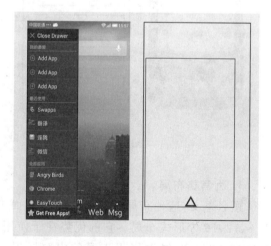

图 6-16 侧边栏/抽屉布局

6.1.3 App 界面的设计原则

一款优秀的 App 若想吸引并留住客户,合理的界面设计是非常重要的。本节主要讲解 App 界面的设计原则,包括以下几点。

1. 保证图标的识别性,紧抓用户眼球

为了帮助用户了解软件的功能,提高图标的可识别性是很有必要的。界面中图标的表意要清晰明了,能很好地诠释出产品的内容和所要传达的产品价值和形象。

图标设计须具备经典的隐喻特征,要采用功能上与现实生活中相似的图形,保证隐喻的对象具有较强的排他性,降低用户的认知负担。当用户在 App Store 中搜索软件时,会发现有很多相似的图标,只有那些精致、美观、完整、视觉冲击力强的图标才会受到用户的关注。例如,图 6-17 中显示的是猜谜类的 App,图中第一行第二个图标的表现方式是直接将"谜"字写在渐变的背景色块上,视觉效果表现平平,无法激发用户的兴趣。为了设计出吸引人的图标,需要运用合理的隐喻手法,将"猜谜"的相关信息准确的传达给用户,把握用户的兴趣点,提高图标的吸引力。再看图 6-17 中右侧被放大的图标,是众多图标中最引人注目的,其设计运用了隐喻的表现手法,采用灯泡和发条等图形,获得用户对隐喻对象的认同和理解,加之有趣的造型,在第一时间吸引用户的眼球,激发了用户的使用兴趣。

图 6-17　"猜谜"App 图标

2. 形式风格要统一,让图标简洁通用

一套设计精良、外观风格协调统一的图标,不但能够引起用户共鸣,甚至可以进一步带动界面中其他部分的设计,以相同的效果统一产品的视觉感受,提升用户的满意度。图标设计的关键,在于让图标尽量简单,避免多余的繁琐细节。由于图标的功能各异,采用的图形也不尽相同,在界面中可使用共同的元素来统一设计风格,如图 6-18 所示。

图 6-18　统一风格的图标

3. 图标设计紧随平台属性

主流的手机系统平台有 iOS、Android、Microsoft Windows Phone 等。不同的应用平台有着不同的尺寸要求和设计风格，在制作前要了解掌握相关的设计规范。

（1）图标设计规格

针对不同的手机屏幕大小，需要设计不同尺寸的图标。本节引用了网上的图标尺寸来介绍 iOS、Android 和 Windows Phone 三种系统图标的尺寸要求。

iPhone 手机屏幕标准尺寸密度默认为 mdpi，可以按手机型号和版本类型加以区分，如图 6-19 所示。

ICON类型	屏幕标准尺寸			
	iPhone4	iPhone5	iPhone6 plus	iPad
程序主界面	114x114	120x120	180x180	72x72
APP Store建议	512x512	512x512	512x512	512x512
iPhone和iPad的设置app	29x29	29x29	29x29	29x29

图 6-19 iOS 图标尺寸

Android 的图标不仅指应用程序的启动图标，还包括状态栏、菜单栏，或者是切换导航栏等位置的其他标识性图标。由于安装安卓系统的手机品种繁多，所以在不同的界面下，图标的尺寸也都不同，如图 6-20 所示。

ICON类型	屏幕密度标准尺寸			
	低密度(px)	中密度(px)	高密度(px)	特高密度(px)
程序主界面	36x36	48x48	72x72	96x96
菜单栏	36x36	48x48	72x72	96x96
状态栏	24x24	32x32	48x48	72x72
列表显示	24x24	32x32	48x48	72x72
Tab栏	24x24	32x32	48x48	72x72
对话框	24x24	32x32	48x48	72x72

图 6-20 Android 图标尺寸

Windows Phone 的图标标准简单统一，在设计起来也非常容易上手，如图 6-21 所示。

（2）图标设计格式

图标设计格式，即制作图标的图片格式。图标格式的选择，应根据需要选取合适的格式。例如，如果需要对图片质量、色彩以及饱和度等信息进行保存，JPEG 是最好的选择；如果需要保存透明背景，PNG 是最好的选择。以下是较为常见的几种图标格式：

ICON类型	屏幕标准尺寸
应用工具栏	48x48
主菜单图标	173x173

图 6-21 Windows Phone 的图标尺寸

JPEG：最常用的图像格式。对色彩的信息保留较好，不支持背景透明，如图 6-22 所示。

PNG：属于位图文件存储格式。支持背景透明，也是 iOS 推荐的图片格式，相同图像所生成的 PNG 格式文件要比 JPEG 格式大，如图 6-23 所示。

图 6-22　JPEG 格式图片效果　　　　图 6-23　PNG 格式图片效果

GIF：是一种压缩位图格式。支持透明背景图像，适用于多种操作系统。

4．透视、光源、阴影要保持一致

图标的设计要保证方向一致、透视一致、光源阴影一致。无论使用何种光源，都要保证界面中所有图标的光源一致。只有这样才能得出统一的光影效果，否则会让人感觉图标是拼凑起来的，显得杂乱无章。

界面中的图标并排在一起时，应有统一的透视。如果一个图标的视角以俯视为主，那么其他图标都要保持这个视角。如果采用了特殊的视角，那么一定要保证所有的图标也都采用这个视角，如图 6-24 所示。

5．独特的色彩组合

为了让图标脱颖而出，要使用鲜艳的色彩和有趣的形状，让用户在第一时间看到并点击。除此之外，还可采用渐变的色彩和适当的阴影效果，使图标更加真实立体。例如，在暗色的背景上，图标的颜色要以白色、黄色、绿色等艳丽的色彩为主色调，如图 6-25 所示。

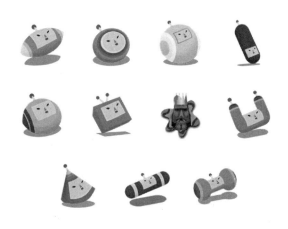

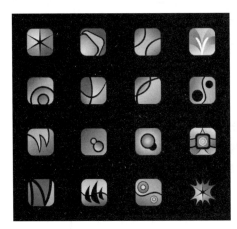

图 6-24　透视、光源、阴影保持一致　　　　图 6-25　独特的色彩组合

6．创建矢量格式的图标

图标的尺寸通常会随着界面的规格而变化。因此，创建一个可以放大缩小又不会磨损像素的矢量图标是很有必要的。矢量绘图软件有 Illustrator、Fireworks、CorelDRAW 等，图 6-26 所示为矢量格式的图标。

7．注意文化差异，准确传达信息

对于设计师来说，总是希望自己的作品能得到最广泛的传播，被不同文化背景的用户理解和接受。因此,图标的设计要考虑不同国家的特征、语言、环境和手势的差异性,要对软件的使用环境进行分析,既要考虑最大范围受众的接受程度,又要保证作品有独特的文化内涵和特色。图 6-27 所示为不同国家的国旗图标,每种图标都蕴含着不同国家的文化传统,代表不同的含义。

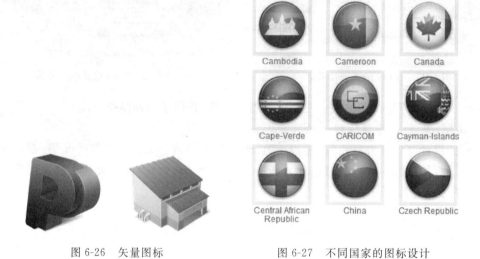

图 6-26　矢量图标　　　　　　图 6-27　不同国家的图标设计

6.2　了解 App 常用元素

在 App 家庭中包含着很多基本成员:图形、App 控件、图标等作为常用元素被广泛应用。本节主要介绍 App 常用图形、常用控件、启动图标等基本知识来进一步了解 App 的组成元素。

6.2.1　App 常用图形元素

App 常用的图形元素主要包括圆形、方形、圆角矩形、Squircle、组合图形、虚线以及其他图形。图形元素的应用范围很广,例如图标、自定义控件的制作、界面边框制作等都可用到,如图 6-28所示。

6.2.2　App 常用控件

1. 按钮

按钮作为最基本的交互组件之一,在 UI 设计中使用的频率非常高。按钮的风格多种多样,它可以是图标,也可以是文字标题,用户只需要触摸按钮,便可显示相应的信息,如图 6-29 所示。

2. 单选按钮

单选按钮的外观一般由几个同心圆组成。它的作用除了描述信息之外,还可用于选择选项。当

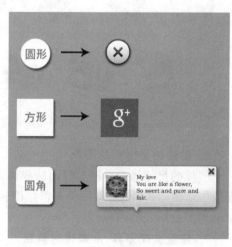

图 6-28　App 常用图形元素

用户按下按钮后,相应单选按钮就会被选上,单选按钮便会在圆洞内加上一小圆点来表示选中的状态,如图 6-30 所示。

图 6-29 按钮

图 6-30 单选按钮

3. 下拉列表

列表是在按钮的基础上改造而来,用户可以通过触摸列表框展示所有可选内容。下拉列表可以分解成四部分:圆角矩形按钮、分割线、下拉三角和选项文字。因为下拉列表的长度比一般按钮要长,在制作时需要注意选项文字的摆放空间,如图 6-31 所示。

4. 滑动条

滑动条由一个带有轨道和滑标的小窗口组成。用户通过移动滑块缩放图片或增减屏幕亮度等操作,如图 6-32 所示。

图 6-31 下拉列表

图 6-32 滑动条

5. 对话框

对话框的形式有选择确定、取消样式、调整设置、输入文本等。在微信和微博中主要用于文字内容的输入,如图 6-33 所示。

6. 文本框

文本框常用做资料填写、登录信息、搜索内容的输入。用户通过触摸输入区域,就会自动放置光标,并显示键盘,如图 6-34 所示。

图 6-33　对话框　　　　　　　　　　　　图 6-34　输入框

7. 切换开关

切换开关,是模拟用户打开或关闭选项的物理开关。用户可通过滑动或单击来实现开关状态的切换,如图 6-35 所示。

8. 进度条

进度条,就是以条状图的形式显示处理文件的速度、完成度、剩余未完成文件的大小和所需时间,从而缓和用户等待的焦虑感。进度条的表现形式多以长条形和圆形为主,要根据界面控件的大小来选择适合的样式,如图 6-36 所示。

图 6-35　切换开关　　　　　　　　　　　图 6-36　进度条

6.3　App 常用控件制作实例

App 的常用控件可通过网络资源下载现有的 PSD 控件模版直接使用,但是在对控件有特殊需求的情况下,掌握几种控件的制作方法是十分有必要的。

6.3.1 按钮制作

（1）选择"文件"→"新建"命令，弹出"新建"对话框，对相关参数进行设置，单击"确定"按钮，如图 6-37 所示。

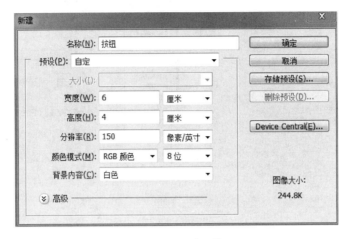

图 6-37 新建文件

（2）选择"渐变工具"，渐变样式为"径向渐变"，渐变颜色为灰色到白色，在画布上画一条渐变线，如图 6-38 所示。

（3）选择"圆角矩形工具"，圆角半径值设置为 5px，颜色设置为黑色，在画布上画一个圆角矩形，如图 6-39 所示。

图 6-38 径向渐变

图 6-39 圆角矩形

（4）选择图层样式"投影"、"内阴影"、"内发光"、"斜面和浮雕"、"渐变叠加"、"描边"，并设置相关参数，如图 6-40 所示。

（5）得到如图 6-41 所示的效果。

（6）选择"文字工具"，打开字符面板，并对相关数值进行设置，在按钮上添加相关文字，如图 6-42 所示。

（7）选择图层样式"投影"，并设置相关参数，如图 6-43 所示。

（8）选择"钢笔工具"，颜色设置为白色，在按钮上绘制高光形状，如图 6-44 所示。

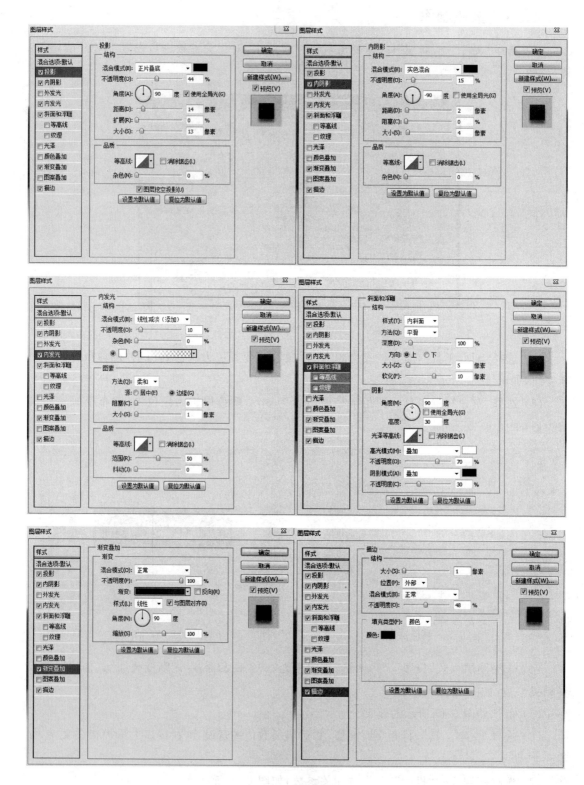

图 6-40 参数设置

图 6-41　圆角矩形效果

图 6-42　文字输入

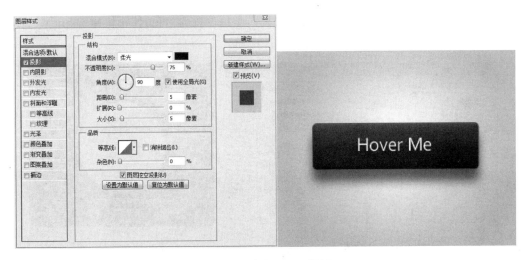

图 6-43　参数设置及效果

图 6-44　绘制高光

（9）选择图层样式"渐变叠加"，并设置相关参数，如图 6-45 所示。

（10）将高光的填充值设置为 0%，得到最终完成效果如图 6-46 所示。

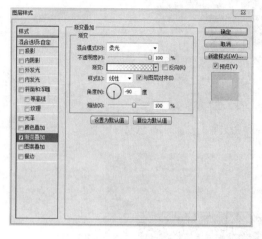

图 6-45   参数设置

图 6-46   圆角矩形按钮完成效果

6.3.2   单选按钮制作

（1）选择"文件"→"新建"命令，弹出"新建"对话框，对相关参数进行设置，单击"确定"按钮，如图 6-47 所示。

（2）填充背景色为深灰色。选择"椭圆工具"，颜色设置为白色，使用快捷键 Shift＋Alt，在画布上绘制一个圆，如图 6-48 所示。

图 6-47   新建文件

图 6-48   绘制图形

（3）选择图层样式"投影"、"内阴影"、"渐变叠加"、"描边"，并设置相关参数，如图 6-49 所示。

（4）得到如图 6-50 所示的效果。

（5）选择"椭圆工具"，颜色设置为灰色，在圆心处绘制一个同心圆，如图 6-51 所示。

（6）选择图层样式"投影"、"斜面和浮雕"、"渐变叠加"、"描边"，并设置相关参数，如图 6-52 所示。

（7）得到如图 6-53 所示的效果。

（8）按照上述方法，只须将内部圆形的颜色更改一下，便可做出未选中状态的效果，如图 6-54 所示。

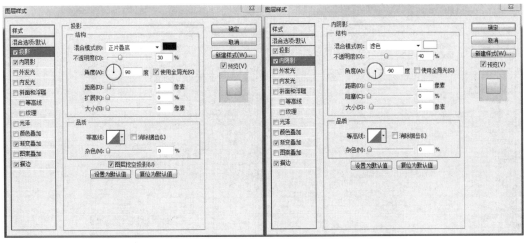

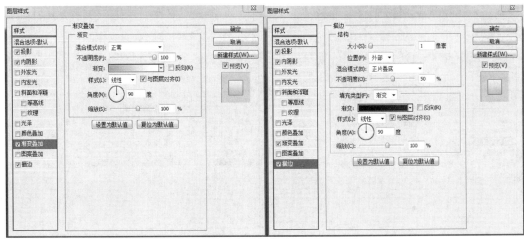

图 6-49 参数设置

图 6-50 圆形效果

图 6-51 绘制同心圆

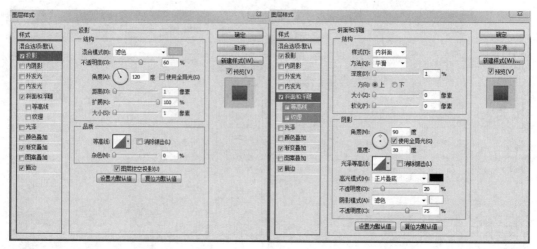

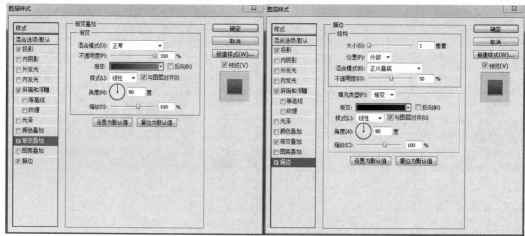

图 6-52　参数设置

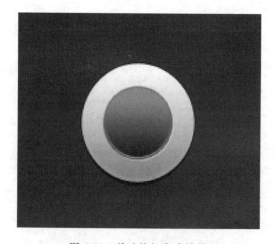

图 6-53　单选按钮完成效果

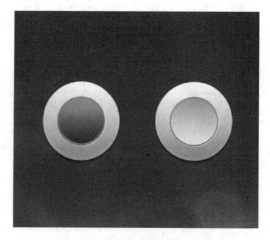

图 6-54　单选按钮完成效果

6.3.3 下拉列表制作

（1）选择"文件"→"新建"命令，弹出"新建"对话框，对相关参数进行设置，单击"确定"按钮，如图 6-55 所示。

（2）选择"圆角矩形工具"，圆角半径值设置为 4px，颜色设置为黑色，在画布上画出圆角矩形，如图 6-56 所示。

图 6-55　新建文件　　　　　　　　　　　　　图 6-56　圆角矩形

（3）选择图层样式"渐变叠加"、"描边"，并设置相关参数，如图 6-57 所示。

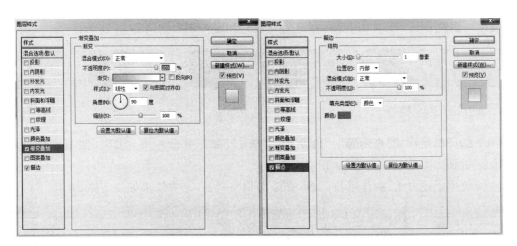

图 6-57　参数设置

（4）得到如图 6-58 所示的效果。

（5）复制"形状 1"图层，得到"形状 1 副本"图层，选择"矩形工具"，选中"从形状区域减去"功能，减去部分圆角矩形，如图 6-59 所示。

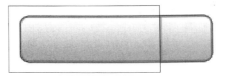

图 6-58　圆角矩形效果　　　　　　　　　　　图 6-59　从形状区域减去

（6）选择图层样式"渐变叠加"、"描边"并设置相关参数，如图 6-60 所示。

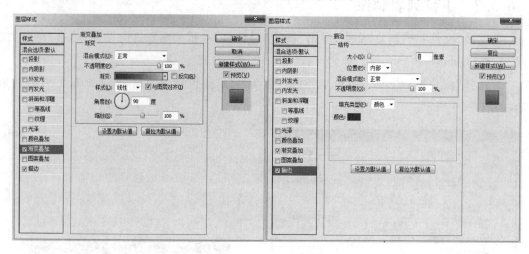

图 6-60　参数设置

（7）得到如图 6-61 所示的效果。

（8）选择"直线工具"，设置粗细值为 1px，设置颜色分别为白色和灰色，在画布上绘制两条直线，并放置合适位置，如图 6-62 所示。

（9）选择"自定义形状工具"，选择"三角形形状"。设置颜色为白色，在画布上画一个三角形。使用快捷键 Ctrl＋T 自由变换，将三角形顺时针旋转 90°，如图 6-63 所示。

图 6-61　区域划分效果　　　　图 6-62　直线　　　　图 6-63　三角形形状

（10）选择图层样式"内阴影"、"内发光"、"渐变叠加"，并设置相关参数，如图 6-64 所示。

（11）得到如图 6-65 所示的效果

（12）使用上述方法，制作下拉菜单，并添加相关文字，完成效果如图 6-66 所示。

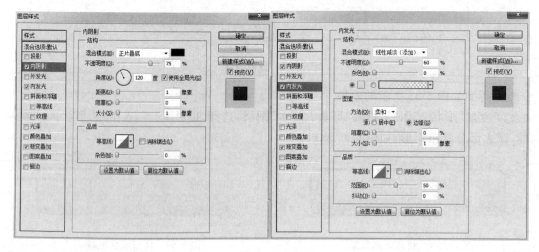

图 6-64　参数设置

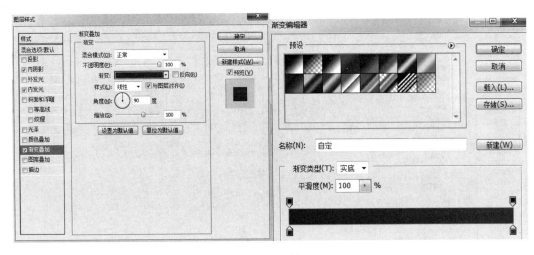

图 6-64　（续）

图 6-65　下拉箭头效果

图 6-66　下拉列表框完成效果

6.3.4　滑动条制作

（1）选择"文件"→"新建"命令，弹出"新建"对话框，对相关参数进行设置，单击"确定"按钮，如图 6-67 所示。

（2）填充背景色为深灰色。选择"圆角矩形工具"，圆角半径值设置为 50px，颜色设置为灰色，在画布上画一个圆角矩形，如图 6-68 所示。

（3）继续使用上述方法，绘制内部圆角矩形，并将颜色设置为深灰色，如图 6-69 所示。

图 6-67　新建文件

图 6-68　圆角矩形　　　　　　　　　　　图 6-69　内部圆角矩形

（4）选择图层样式"内阴影"、"图案叠加"、"描边"，并设置相关参数，如图 6-70 所示。

（5）得到如图 6-71 所示的效果。

（6）再次选择"圆角矩形工具"，颜色设置为黑色，在内部绘制拖动轨迹条，如图 6-72 所示。

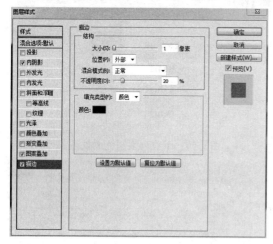

图 6-70　参数设置

图 6-71　圆角矩形效果

图 6-72　轨迹条

（7）选择图层样式"渐变叠加"、"描边"，并设置相关参数，如图 6-73 所示。

（8）得到如图 6-74 所示的效果。

（9）选择"椭圆工具"，设置颜色为深灰色，按住 Shift 键，在画布上画一个正圆，如图 6-75 所示。

（10）选择图层样式"内阴影"、"外发光"、"斜面和浮雕"、"渐变叠加"，并设置相关参数，如图 6-76 所示。

（11）得到最终效果如图 6-77 所示。

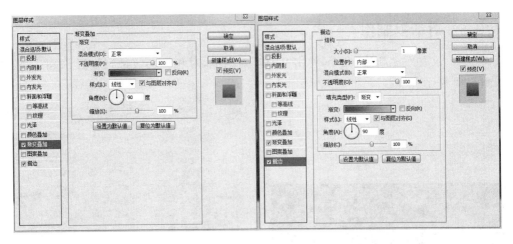

图 6-73　参数设置

图 6-74　轨迹条效果

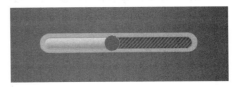

图 6-75　正圆

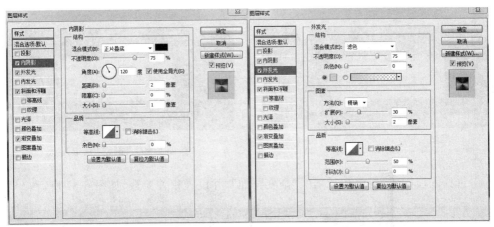

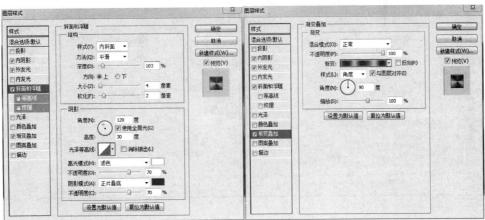

图 6-76　参数设置

6.3.5 对话框制作

(1) 选择"文件"→"新建"命令,弹出"新建"对话框,对相关参数进行设置,单击"确定"按钮,如图 6-78 所示。

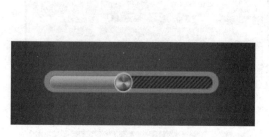

图 6-77 滑动条完成效果

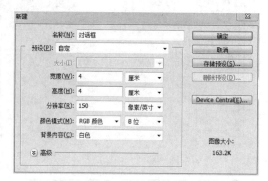

图 6-78 新建文件

(2) 填充背景色为灰色。选择"圆角矩形工具",圆角半径值设置为 2px,颜色设置为白色,在画布上画一个圆角矩形,如图 6-79 所示。

(3) 选择"钢笔工具",在属性栏中选择"添加到形状区域",在圆角矩形旁边绘制一个三角形,如图 6-80 所示。

图 6-79 圆角矩形

图 6-80 添加三角形形状

(4) 选择图层样式"斜面和浮雕"、"渐变叠加",并设置相关参数,如图 6-81 所示。

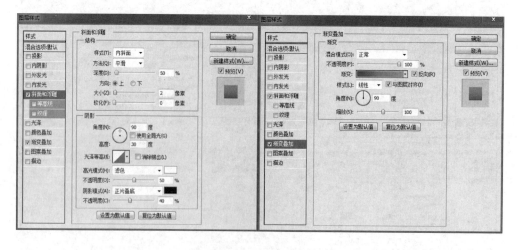

图 6-81 参数设置

（5）得到如图 6-82 所示的效果。

（6）使用同样的方法再次绘制对话框，并更改图层样式中"渐变叠加"的颜色，得到如图 6-83 所示效果。

（7）输入相关文字和其他元素，得到最终效果如图 6-84 所示。

图 6-82 对话框效果

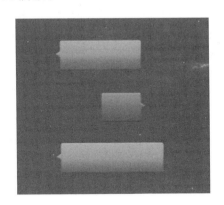

图 6-83 对话框渐变效果

图 6-84 对话框完成效果

6.3.6 输入框制作

（1）选择"文件"→"新建"命令，弹出"新建"对话框，对相关参数进行设置，单击"确定"按钮，如图 6-85 所示。

（2）选择"渐变工具"，渐变样式为"径向渐变"，渐变颜色为蓝色（R:82、G:200、B:255）到深蓝（R:9、G:111、B:170），在画布中心位置画一条渐变线，如图 6-86 所示。

图 6-85 新建文件

图 6-86 径向渐变

（3）选择"圆角矩形工具"，圆角半径值设置为 6px，颜色设置为白色，在画布上画一个圆角矩形，如图 6-87 所示。

图 6-87 圆角矩形

（4）选择图层样式"内阴影"、"渐变叠加"、"描边"，并设置相关参数，如图6-88所示。

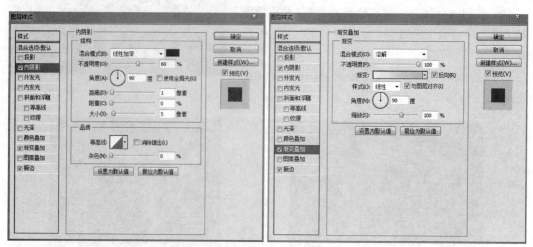

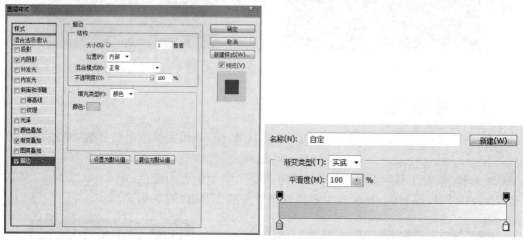

图6-88　参数设置

（5）得到如图6-89所示的效果。

（6）选择"椭圆工具"和"钢笔工具"，绘制人物形状；选择"文字工具"，颜色设置为灰色，在输入框内输入相关文字，如图6-90所示。

图6-89　圆角矩形效果

图6-90　输入文字效果

（7）使用上述相同方法，制作密码输入框。使用制作按钮的方法制作登录按钮并配上相应文字，最终完成效果如图6-91所示。

6.3.7　切换开关制作

（1）选择"文件"→"新建"命令，弹出"新建"对话框，对相关参数进行设置，单击"确定"按钮,如图 6-92 所示。

图 6-91 密码输入框完成效果

图 6-92 新建文件

（2）使用"油漆桶"工具,将背景色填充为暗红色（R:192、G:177、B:172）。选择"圆角矩形工具",圆角半径值设置为 20px,在画布上画一个圆角矩形,如图 6-93 所示。

图 6-93 圆角矩形

（3）选择图层样式"投影"、"内阴影"、"内发光"、"渐变叠加",并设置相关参数,如图 6-94 所示。

（4）得到如图 6-95 所示的效果。

（5）选择"椭圆工具",设置颜色为白色,在圆角矩形内画一个正圆,如图 6-96 所示。

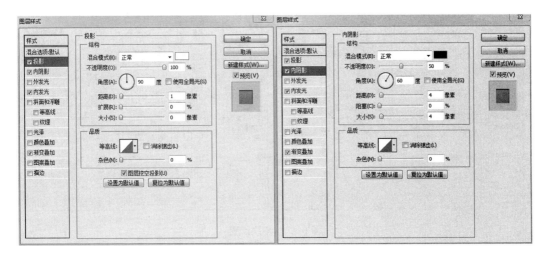

图 6-94 参数设置

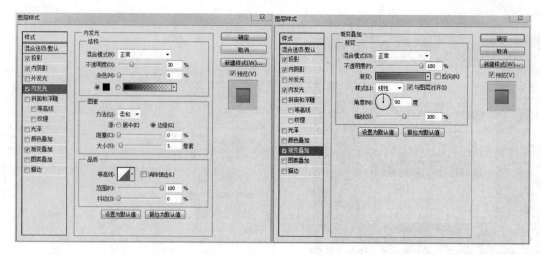

图 6-94　（续）

图 6-95　圆角矩形效果

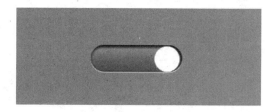

图 6-96　正圆开关

（6）选择图层样式"投影"、"外发光"、"内发光"、"斜面和浮雕"、"渐变叠加"、"描边"，并设置相关参数，如图 6-97 所示。

（7）得到如图 6-98 所示的效果。

（8）使用相同方法，制作关闭状态按钮，并添加相关文字，最终完成效果如图 6-99所示。

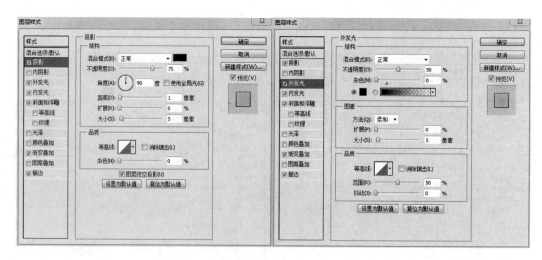

图 6-97　参数设置

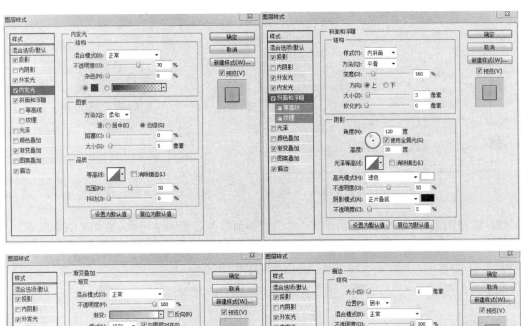

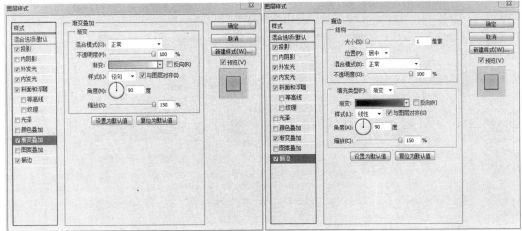

图 6-97 （续）

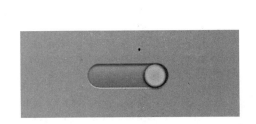

图 6-98 开关效果

图 6-99 切换开关完成效果

6.3.8 圆形进度条制作

（1）选择"文件"→"新建"命令，弹出"新建"对话框，对相关参数进行设置，单击"确定"按钮，如图 6-100 所示。

（2）填充背景色为浅灰色。选择"椭圆工具"，设置颜色为黑色，使用快捷键 Shift＋Alt 在画布中心画一个圆，如图 6-101 所示。

图 6-100　新建文件

图 6-101　绘制圆形

（3）选择图层样式"投影"、"内阴影"、"渐变叠加"，并设置相关参数，如图 6-102 所示。

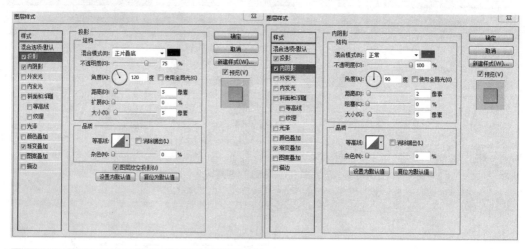

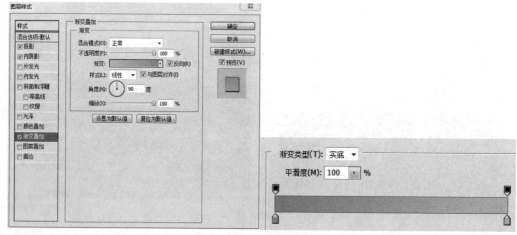

图 6-102　参数设置

（4）得到如图 6-103 所示的效果。

（5）继续使用"椭圆工具"，设置颜色为深灰色（R：145、G：152、B：145），在画面中间绘制小一点的同心圆，如图 6-104 所示。

（6）选择图层样式"内阴影"、"图案叠加"，并设置相关参数，如图 6-105 所示。

图 6-103　圆形效果

图 6-104　小同心圆

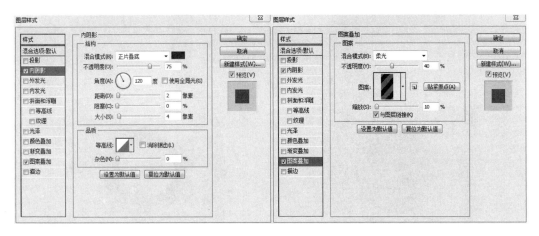

图 6-105　参数设置

（7）得到如图 6-106 所示的效果。

（8）复制"形状 2 图层"，得到"形状 2 副本"图层，右击"形状 2 副本"图层，选择清除图层样式命令，如图 6-107 所示。选择"钢笔工具"，使用"从形状区域减去"功能，对圆形形状做相减处理，如图 6-108 所示。

图 6-106　同心圆效果

图 6-107　清除图层样式

图 6-108　从形状区域减去

（9）选择图层样式"内阴影"、"渐变叠加"，并设置相关参数，如图 6-109 所示。

（10）得到如图 6-110 所示的效果。

（11）继续选择"椭圆工具"，设置颜色为亮灰色，在画面中心绘制一个同心圆，如图 6-111 所示。

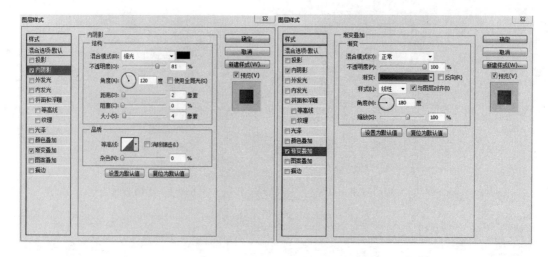

图 6-109　参数设置

图 6-110　圆形渐变效果

图 6-111　同心圆

（12）选择图层样式"内阴影"、"斜面和浮雕"、"渐变叠加"、"描边"，并设置相关参数，如图 6-112 所示。

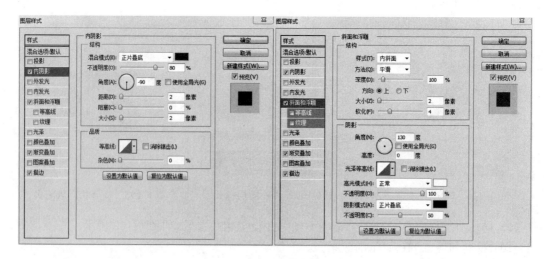

图 6-112　参数设置

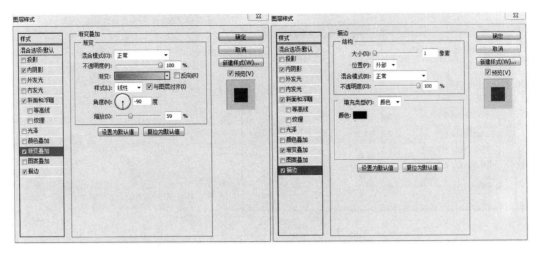

图 6-112　（续）

（13）得到如图 6-113 所示的效果。

（14）选择"文字工具"，在画布上输入相关文字，最终完成效果如图 6-114 所示。

图 6-113　圆形斜面和浮雕效果

图 6-114　圆形进度条完成效果

6.4　App 应用界面设计实例

6.4.1　影音类 App 制作

1. 影音类 App 图标制作

（1）选择"文件"→"新建"命令，弹出"新建"对话框，对相关参数进行设置，单击"确定"按钮，如图 6-115 所示。

（2）选择"圆角矩形工具"，圆角半径值设置为 60px，颜色设置为灰色（R：231、G：231、B：231），在画布上画一个圆角矩形，如图 6-116 所示。

（3）选择图层样式"内阴影"、"渐变叠加"、"描边"，并设置相关参数，如图 6-117 所示。

（4）插入一张木纹素材，在菜单栏选择"图像"→"调整"→"色阶"命令，并设置相关参数。如图 6-118 所示。

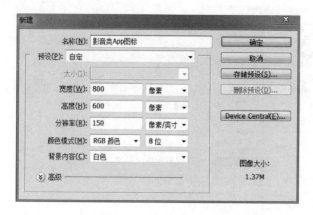

图 6-115　新建文件　　　　　　　　　　　　　图 6-116　圆角矩形

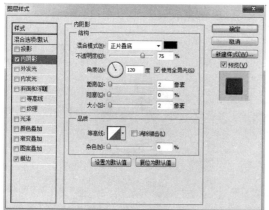

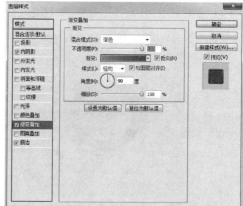

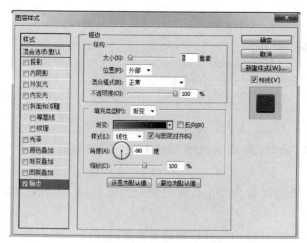

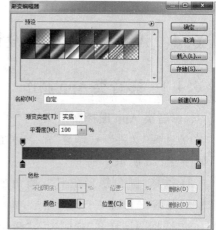

图 6-117　参数设置

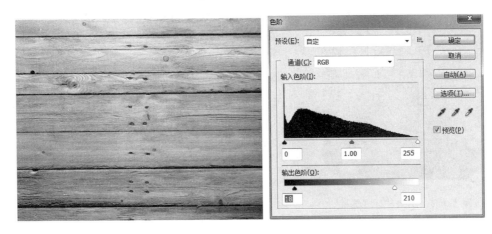

图 6-118 木纹素材

（5）将调整后的素材放至在"形状1图层"上，右击"素材层"，在弹出的菜单中选择"创建剪贴蒙板"，并将混色模式调整为"线性加深"，如图 6-119 所示。

（6）选择"矩形工具"，颜色设置为黑色，在画布上绘制一个矩形。如图 6-120 所示。

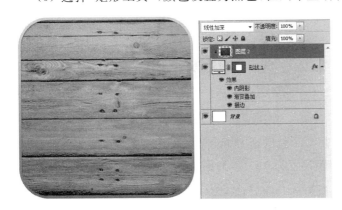

图 6-119 线性加深效果

图 6-120 矩形

（7）复制黑色矩形，将两个矩形分别置于图标的上下两端，并将图层栅格化后合并图层。如图 6-121 所示。

（8）按住 Ctrl 键单击"形状1"图层缩览区，以调出其选区。选中"形状2副本"图层后，使用快捷键 Ctrl＋Shift＋I 反向选择后删除，得到如图 6-122 所示的效果。

（9）选择"文件"→"新建"命令，弹出"新建"对话框，对相关参数进行设置，单击"确定"按钮，如图 6-123 所示。

（10）选择"圆角矩形工具"，圆角半径值设置为 20px，绘制模式设置为"路径"，在画布上画一个圆角矩形。使用快捷键 Ctrl＋Enter 将路径转为选区，并填充黑色，如图 6-124 所示。

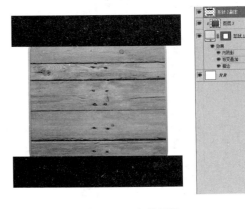

图 6-121 合并图层

图 6-122　反向选择并删除

图 6-123　新建文件

（11）在菜单栏选择"编辑"→"定义画笔预设"命令，将创建的圆角矩形载入至画笔，如图 6-125 所示。

图 6-124　绘制路径并转换选区

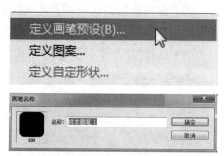

图 6-125　定义画笔

（12）回到之前的图标文件，选择"画笔工具"，按下 F5 打开画笔预设，选择画笔笔尖形状，单击之前做的"圆角矩形"画笔，并将间距设置为 180％，如图 6-126 所示。

（13）新建图层，将画笔颜色设置为灰色（R：214、G：201、B：191），并调整至合适大小。可按住 Shift 键，从左往右平移过去即可绘制直线，如图 6-127 所示。

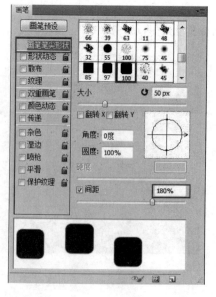

图 6-126　画笔预设

图 6-127　画笔绘制

（14）按住 Ctrl 键，单击"形状 1"图层缩览区，以调出其选区，选中"画笔图层"，使用快捷键 Ctrl＋Shift＋I 反向选择后删除，得到如图 6-128 所示的效果。

（15）使用上述同样方法继续绘制胶片上其余的小方块。为了突出复古的感觉，可使用步骤（5）中"剪贴蒙板"的方法为胶片添加肌理效果，效果如图 6-129 所示。

图 6-128　反向选择　　　　　　　　　　图 6-129　胶片肌理效果

（16）选择"圆角矩形工具"，绘制模式设置为"路径"，在图标的上方画一个圆角矩形路径。选择"钢笔工具"删除下面两个描点，并使用"直接选择工具"进行调整。最后，使用快捷键 Ctrl＋Enter 将路径变换为选区，如图 6-130 所示。

图 6-130　绘制路径并转换选区

（17）新建图层，选择"渐变工具"，渐变样式为"线性渐变"，渐变颜色为白色到透明，在选区内画一条渐变线，如图 6-131 所示。

（18）新建图层,选择"椭圆选框工具",按下快捷键 Shift＋Alt,在图标上方绘制一个圆形选区,如图 6-132 所示。

图 6-131　线性渐变

图 6-132　圆形选区

（19）选择"渐变工具",渐变颜色设置为灰色到白色,渐变样式为"线性渐变",在圆形选区内由上至下画一条渐变线,如图 6-133 所示。

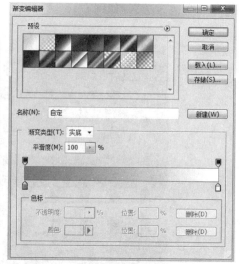

图 6-133　线性渐变

（20）选择图层样式"描边",并设置相关参数,如图 6-134 所示。

（21）新建图层,选择"椭圆选框工具",在中间位置画一个同心圆,如图 6-135 所示。

（22）选择"渐变工具",渐变样式为"线性渐变",在选区内由上至下画一条渐变线,如图 6-136 所示。

（23）在菜单栏选择"选择"→"修改"→"收缩"命令,收缩值为 15px,如图 6-137 所示。

（24）新建图层,选择"渐变工具",渐变样式为"线性渐变",在画布上从左下到右上画一条渐变线,如图 6-138 所示。

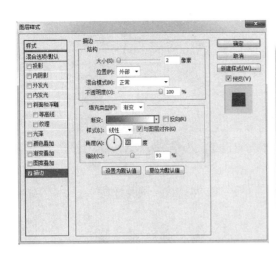

图 6-134　参数设置

图 6-135　同心圆选区　　　　　　　　　图 6-136　线性渐变

图 6-137　收缩选区

　　(25) 为了得到更加逼真的效果,可适当为盘子添加投影效果,并使用"加深工具"、"减淡工具"对盘子边缘进行修饰。调整完毕后,将盘子图层全部合并,并使用快捷键 Ctrl+T 调整盘子整体透视,如图 6-139 所示。

　　(26) 新建图层,选择"钢笔工具",绘制模式设置为"路径",勾出杯子主体部分的路径,并使用快捷键 Ctrl+Enter 将路径转换为选区,如图 6-140 所示。

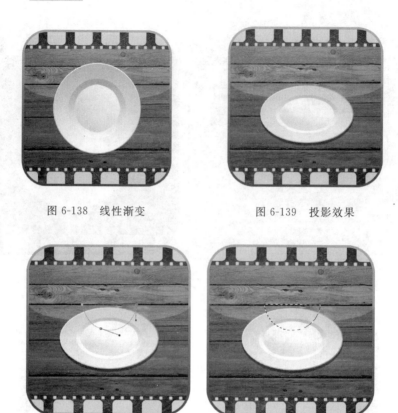

图 6-138　线性渐变　　　　　　　　　图 6-139　投影效果

图 6-140　绘制路径并转换选区

（27）选择"渐变工具"，渐变颜色设置为灰色到深灰到灰色，渐变样式为"径向渐变"，在选区内由左至右画一条渐变线，如图 6-141 所示。

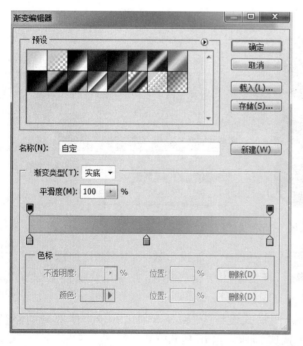

图 6-141　径向渐变

（28）为了得到更加逼真的效果，可使用"加深工具"、"减淡工具"对杯子主体进行修饰，如图 6-142 所示。

（29）新建图层，选择"钢笔工具"，绘制模式设置为"路径"，勾出杯子左右两侧高光路径。使用快捷键 Ctrl＋Enter 将路径转换为选区，如图 6-143 所示。

图 6-142　加深减淡　　　　　　　　　图 6-143　绘制路径并转换选区

（30）选择"渐变工具"，渐变颜色设置为白色到透明，渐变样式为"线性渐变"，由上至下画一条渐变线，使用"加深工具"、"减淡工具"进行适当修饰，得到如图 6-144 所示的效果。

（31）新建图层，选择"椭圆选框工具"，在杯子上方绘制一个椭圆选区，选择"渐变工具"，颜色设置为灰色（R:202、G:203、B:204）到白色，渐变样式为"线性渐变"，在选区内由下至上画一条渐变线，如图 6-145 所示。

图 6-144　渐变效果　　　　　　　　　图 6-145　线性渐变

（32）保留当前选区，在菜单栏选择"选择"→"修改"→"收缩"命令，收缩值为 3px，并将选区向上移动。新建图层，选择"渐变工具"，渐变颜色为深灰（R:156、G:157、B:158）到灰色，渐变样式为"线性渐变"，在选区内由下至上画一条渐变线，如图 6-146 所示。

（33）新建图层，选择"椭圆选框工具"，绘制一个椭圆选区，选择"渐变工具"，渐变颜色为深灰（R:141、G:141、B:147）到灰色，渐变样式为"径向渐变"，在选区内由上至下画一条渐变线，如图 6-147 所示。

（34）为了得到更加逼真的效果，可借鉴绘制杯子主体的方法，使用"钢笔工具"、"加深工具"、"减淡工具"进行修饰，此处不再说明，得到如图 6-148 所示的效果。

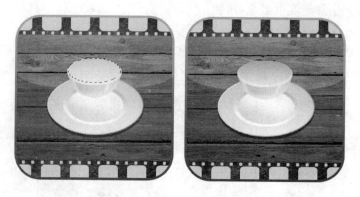

图 6-146 线性渐变

图 6-147 径向渐变

图 6-148 修饰效果

（35）新建图层，选择"椭圆选框工具"，在杯口上绘制一个椭圆选区，选择"渐变工具"，渐变颜色为深咖（R：70、G：44、B：17）到褐色（R：115、G：75、B：34），渐变样式为"线性渐变"，在选区内由左至右画一条渐变线，如图 6-149 所示。

图 6-149 线性渐变

（36）选择"钢笔工具"，绘制模式设置为"路径"，绘制高光路径，并转换为选区，如图 6-150 所示。

（37）选择"渐变工具"，渐变颜色为白色到透明，渐变样式为"线性渐变"，由右至左画一条渐变线，如图 6-151 所示。

图 6-150　绘制路径并转换选区　　　　　　　　　　图 6-151　线性渐变

（38）新建图层，选择"钢笔工具"，绘制模式设置为"路径"，勾出杯子把手的路径，并转换为选区，如图 6-152 所示。

（39）选择"渐变工具"，渐变颜色为深灰到灰色，渐变样式为"线性渐变"，由上至下画一条渐变线，如图 6-153 所示。

图 6-152　绘制路径并转换选区　　　　　　　　图 6-153　线性渐变

（40）利用之前制作杯子主体的方法，使用"钢笔工具"、"渐变工具"、"加深工具"、"减淡工具"对把手进行修饰，在此不再进行讲解，得到如图 6-154 所示的效果。

（41）将所有杯子图层合并，使用快捷键 Ctrl＋T 对杯子比例进行适当调整。为了获得更加逼真的效果，可为杯子添加阴影等效果。最终完成效果如图 6-155 所示。

图 6-154　修饰后的把手效果　　　　　　　　图 6-155　影音类 App 图标最终效果

2. 影音类 App 界面制作

（1）选择"文件"→"新建"命令，弹出"新建"对话框，对相关参数进行设置，单击"确定"按钮，如图 6-156 所示。

（2）选择"矩形工具"，颜色设置为黑色，在画布顶端绘制一个矩形，并将透明度设置为70%，如图 6-157 所示。这个被称为状态栏，上面承载运营商、时间、电池电量等基本信息。

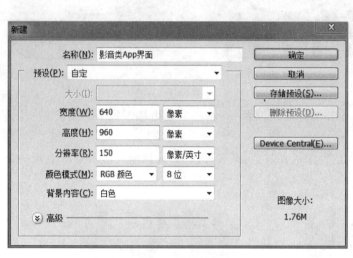

图 6-156　新建文件　　　　　　　　　　　　　　　　　　图 6-157　状态栏

（3）选择一张木纹的素材，将尺寸裁剪至合适大小，当作底纹放到画布中，如图 6-158 所示。

（4）新建图层，选择"渐变工具"，渐变颜色为灰色到白色，渐变样式为"径向渐变"，在画布中由上至下画一条渐变线，并将图层的混色模式设置为"线性加深"，如图 6-159 所示。

（5）选择"矩形工具"，颜色设置为白色，在画布底端绘制一个矩形，如图 6-160 所示。选择图层样式"投影"、"内阴影"、"渐变叠加"，并设置相关参数，如图 6-161 所示。

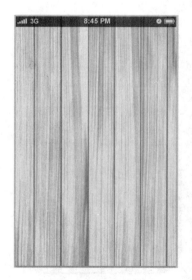

图 6-158　底纹　　　　　　　　　　图 6-159　径向渐变　　　　　　　　　　图 6-160　矩形

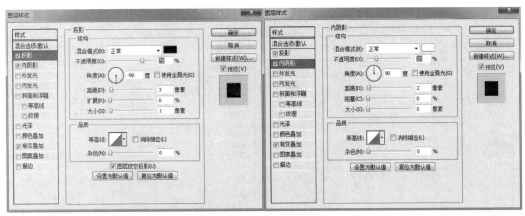

图 6-161　参数设置

（6）得到如图 6-162 所示的效果。

（7）选择"矩形工具"，颜色设置为白色，在底部靠左的位置绘制一个矩形，如图 6-163 所示。选择图层样式"投影"、"内阴影"、"渐变叠加"，并设置相关参数，如图 6-164 所示。

图 6-162　效果

图 6-163　矩形

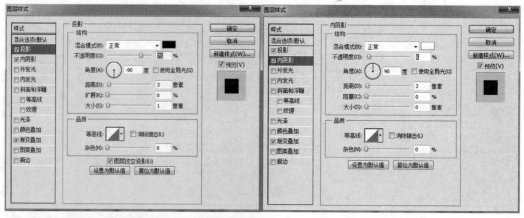

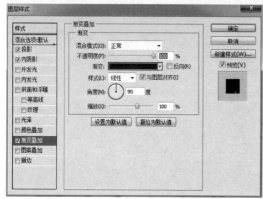

图 6-164　参数设置

（8）得到如图 6-165 所示的效果。

（9）为了营造凹陷的效果，可使用"画笔工具"，在矩形两侧添加阴影效果，如图 6-166 所示。

图 6-165　效果

图 6-166　阴影效果

（10）选择"直线工具"，粗细值设置为1px，颜色设置为黑色，在画布上画3条直线，将Tab栏等分为4份。选择图层样式"投影"，并设置相关参数，如图6-167所示。

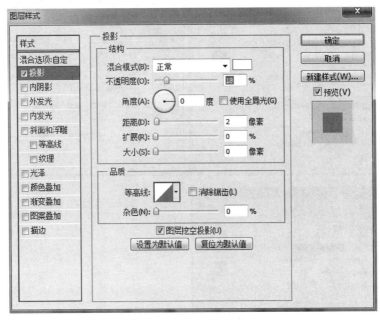

图6-167 参数设置

（11）得到如图6-168所示的效果。

图6-168 等分效果

（12）选择"矩形工具"，颜色设置为白色，在画布顶端绘制一个矩形。选择图层样式"投影"、"内阴影"、"渐变叠加"，并设置相关参数，如图6-169所示。

（13）得到如图6-170所示的效果。

（14）选择"圆角矩形工具"，圆角半径值设置为6px，颜色设置为白色，在Tab栏上绘制一个圆角矩形，如图6-171所示。

（15）选中"从形状区域减去"选项，在圆角矩形上减出一个圆角矩形，如图6-172所示。

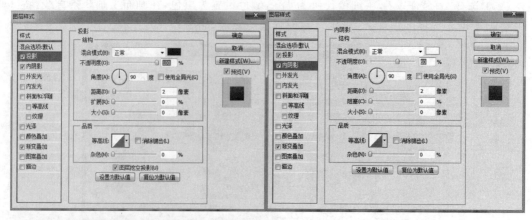

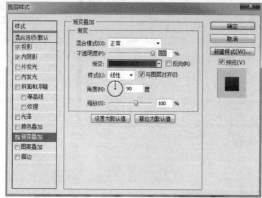

图 6-169　参数设置

图 6-170　效果

图 6-171　圆角矩形

图 6-172　减出一个圆角矩形

　　(16) 选择"矩形工具",选中"添加到形状区域"选项,在圆角矩形上再绘制一个矩形,如图 6-173 所示。

（17）选择"直接选择工具"，框选中这个矩形，将其旋转45°，然后使用"钢笔工具"中的"减去描点工具"，减去它一个角的描点，使之变成一个三角形。继续使用"直接选择工具"框选这个三角形，将其挪动至下面的圆角矩形上，这样得到了一个房子的主体，如图6-174所示。

图6-173 矩形

图6-174 修改矩形变成三角形房顶

（18）选择"圆角矩形工具"，圆角半径值设置为4px，选择"添加到形状区域"选项，在房子上方绘制一个圆角矩形，并使用快捷键Ctrl+T自由变换，将其调整至合适角度。如图6-175所示。复制圆角矩形，并将其水平翻转后移到相应位置，这样得到了一个房子的基本形状。

（19）继续复制圆角矩形，使用快捷键Ctrl+T自由变换，将其调整至合适角度。选择"矩形工具"，选中"从形状区域减去"选项，减去部分矩形，并将减去后的矩形放置在房子右上方，这样一个房子的图标就基本完成了。最后，可以使用"直接选择工具"对房子的全部锚点进行调整，如图6-176所示。

图6-175 房顶

图6-176 调整至房子图标完成

（20）选择图层样式"内阴影"、"外发光"、"渐变叠加"、"描边"，并设置相关参数，如图6-177所示。

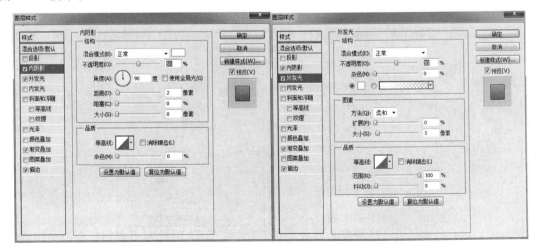

图6-177 参数设置

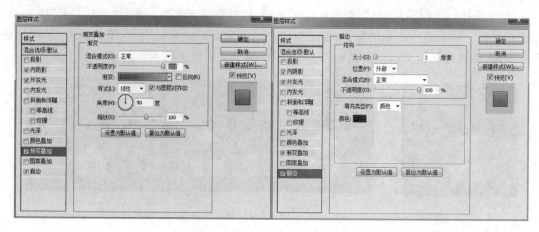

图 6-177 （续）

（21）得到如图 6-178 所示的效果。

（22）接着以此类推画好其他三个图标,注意第二个图标的颜色要有别于其他三个,完成效果如图 6-179 所示。

（23）选择"圆角矩形工具",圆角半径值设置为 10px,颜色设置为白色,在画面右上方绘制一个圆角矩形,如图 6-180 所示。

图 6-178 房子图标
　　　　最终效果

图 6-179 效果

图 6-180 圆角矩形

（24）选择图层样式"内阴影"、"外发光"、"内发光"、"渐变叠加"、"描边",并设置相关参数,如图 6-181 所示。

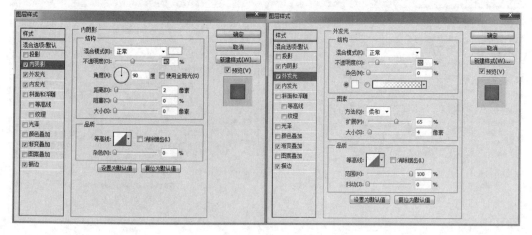

图 6-181 参数设置

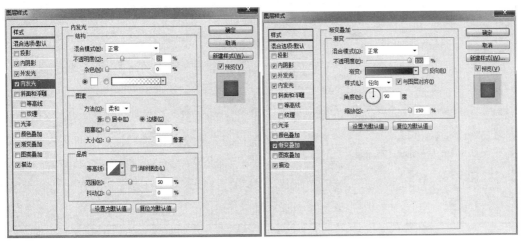

图 6-181 （续）

（25）得到如图 6-182 所示的效果。

（26）选择"圆角矩形工具"，圆角半径值设置为 2px，颜色设置为深灰色（R：69、G：69、B：71），在画布上绘制三个圆角矩形，如图 6-183 所示。

图 6-182　圆角方框效果

图 6-183　圆角矩形

（27）选择图层样式"内阴影"、"投影"，并设置相关参数，如图 6-184 所示。

（28）得到如图 6-185 所示的效果。

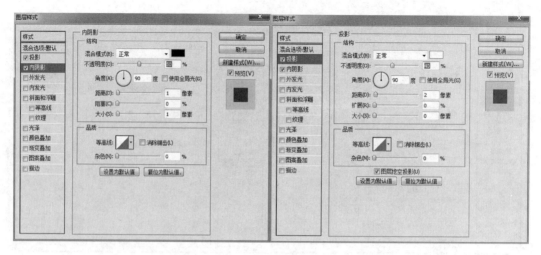

图 6-184 参数设置

（29）使用相同方法绘制左边的图标，并添加相应文字，效果如图 6-186 所示。

图 6-185 圆角矩形效果

图 6-186 添加文字后的效果

（30）运用之前制作胶片的方法，在画面中心绘制一个镂空胶片，并将图层混色模式设置为"叠加"，如图 6-187 所示。

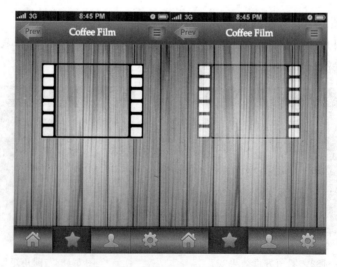

图 6-187 镂空胶片

（31）导入一张电影海报，选择"魔棒工具"，选中胶片的镂空区域来创建选区。选择海报图层，使用快捷键 Shift＋Ctrl＋I 反向选择后删除，得到如图 6-188 所示的效果。

图 6-188 电影海报导入胶片效果

（32）复制胶片图层，使用快捷键 Ctrl＋T 自由变换，右击选择"透视"变换，调整胶片的透视角度，如图 6-189 所示。

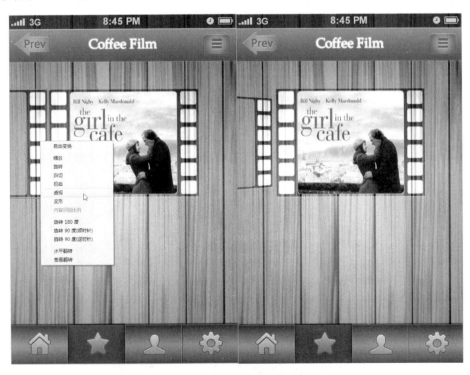

图 6-189 透视调整

（33）新建图层，选择"魔棒工具"，选中左侧胶片镂空区域，将其填充为黑色，并设置透明度为 30％，然后为其添加电影海报并调整好相应的透视角度，如图 6-190 所示。

（34）用同样的方法制作右边的胶片。添加相关文字，并对细节进行修改，得到最终效果如图 6-191 所示。

图 6-190　左侧胶片效果

图 6-191　影音类 App 界面最终效果

6.4.2 图书类 App 制作

1. 图书类 App 图标制作

（1）选择"文件"→"新建"命令，弹出"新建"对话框，对相关参数进行设置，单击"确定"按钮，如图 6-192 所示。

（2）选择"圆角矩形工具"，圆角半径值设置为 10px，颜色设置为橙色（R：234、G：112、B：0），在画布上画一个圆角矩形，如图 6-193 所示。

（3）选择"直接选择工具"，选中圆角矩形左边的两个描点并删除，如图 6-194 所示。

（4）选择图层样式"渐变叠加"，并设置相关参数，如图 6-195 所示。

图 6-192　新建文件

图 6-193　圆角矩形

图 6-194　删除描点

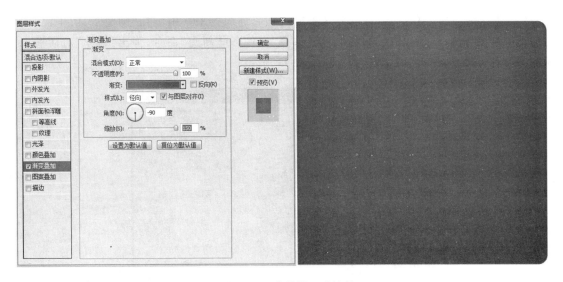

图 6-195　参数设置及效果

（5）选择"圆角矩形工具"，圆角半径值设置为 60px，颜色设置为黑色，在画布左侧画一个圆角矩形，如图 6-196 所示。

（6）选择"直接选择工具"，将黑色圆角矩形右侧的两个描点选中并删除，如图 6-197 所示。

图 6-196　圆角矩形　　　　　　　　　图 6-197　删除描点

（7）选择"直接选择工具"，将左下方两个描点选中，使用快捷键 Ctrl＋T 自由变换，将变换框垂直向下拉拽并按 Enter 键确认，如图 6-198 所示。

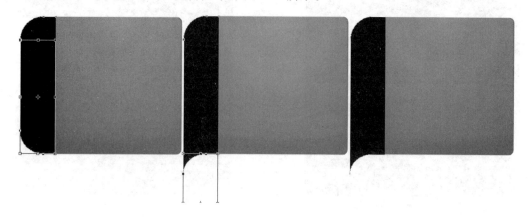

图 6-198　拖曳描点

（8）为了使书籍更有质感，可以为其添加肌理或缝线效果。由于在"画笔工具"中没有合适的笔触来制作缝线，所以需要另行制作。选择"文件"→"新建"命令，弹出"新建"对话框，对相关参数进行设置，单击"确定"按钮，如图 6-199 所示。

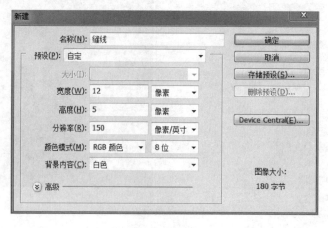

图 6-199　新建文件

（9）选择"圆角矩形工具"，圆角半径值设置为5px，绘制模式设置为"路径"，在画布上画一个圆角矩形。使用快捷键Ctrl＋Enter将路径转为选区，并填充为黑色，如图6-200所示。

图6-200　圆角矩形

（10）在菜单栏选择"编辑"→"定义画笔预设"命令，将所创建的圆角矩形载入至画笔，如图6-201所示。

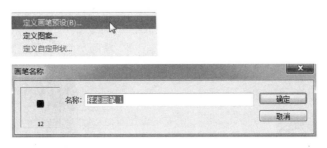

图6-201　定义画笔

（11）回到之前的书籍图标文件，选择"画笔工具"，按下F5键打开画笔预设，选择画笔笔尖形状，单击之前做的"圆角矩形"画笔，并将间距设置为600％，如图6-202所示。为了让缝线可以往不同方向自由转弯，可以对形状动态设置相关参数，如图6-203所示。

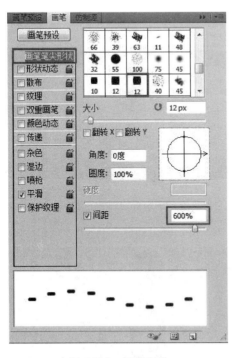

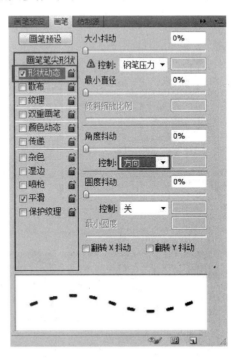

图6-202　画笔预设　　　　　　　　　图6-203　形状动态

（12）选择"钢笔工具"，绘制模式设置为"路径"，在橙色矩形上绘制路径，如图6-204所示。

（13）新建图层，选择"路径"面板，右击工作路径，选择菜单中的"描边路径"命令，在弹出的窗口中，选择画笔并确定，如图 6-205 所示。

（14）得到如图 6-206 所示的效果。

（15）新建图层，选择"钢笔工具"，绘制模式设置为"路径"，在缝线左侧绘制一条路径。使用快捷键 Ctrl＋Enter 将路径转为选区，并填充颜色为褐色（R:130、G:52、B:0），如图 6-207 所示。

（16）复制形状，使用快捷键 Ctrl＋T 将复制后的图形水平反转，并更改颜色为浅橙色（R:255、G:150、B:79），如图 6-208 所示。

图 6-204　绘制路径

图 6-205　描边路径

图 6-206　效果

图 6-207　褐色填充

图 6-208　复制并更改颜色

（17）选中橙色圆角矩形图层，在菜单栏选择"滤镜"→"杂色"→"添加杂色"命令，并设置相关参数，如图6-209所示。

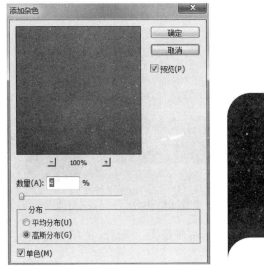

图 6-209　添加杂色

（18）导入一张皮革素材，将其放置在"形状2图层"上。右击"皮革素材层"，在弹出的菜单中选择"创建剪贴蒙板"，如图6-210所示。

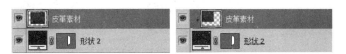

图 6-210　创建剪贴蒙板

（19）得到如图6-211所示的效果。

（20）新建图层，选择"钢笔工具"，绘制模式设置为"路径"，绘制一条路径。使用快捷键Ctrl＋Enter将路径转为选区，如图6-212所示。

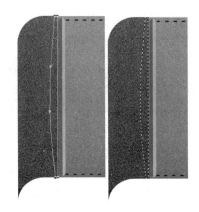

图 6-211　效果　　　　图 6-212　绘制路径并转为选区

（21）选择"渐变工具"，渐变样式为"线性渐变"，渐变颜色为黑色到白色，由左至右画一条渐变线，并将图层混色模式设置为"颜色减淡"，如图6-213所示。

（22）使用同样的方法为书脊添加渐变效果，完成效果如图 6-214 所示。

（23）选择"圆角矩形工具"，圆角半径值设置为 60px，颜色设置为黑色，在画布上画一个圆角矩形，如图 6-215 所示。

图 6-213　颜色减淡　　　　图 6-214　书脊完成效果　　　　图 6-215　圆角矩形

（24）选择"直接选择工具"，选中圆角矩形右侧描点并删除，使用快捷键 Ctrl＋T 将描点向左拖曳至合适位置，如图 6-216 所示。

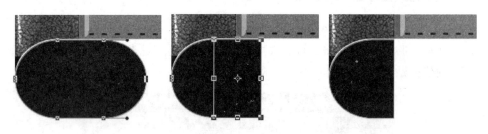

图 6-216　变换描点

（25）继续使用"圆角矩形工具"，选中"添加到形状区域"选项，圆角半径值设置为 10px，颜色设置为黑色，在画布上画出圆角矩形，如图 6-217 所示。

（26）使用快捷键 Ctrl＋J 复制一个圆角矩形以作备用。选择"直接选择工具"，选中圆角矩形右上角两个描点，使用快捷键 Ctrl＋T 将描点向上拖曳至合适位置，如图 6-218 所示。

图 6-217　圆角矩形　　　　　　　　图 6-218　修改圆角矩形

（27）选中复制的圆角矩形，使用快捷键 Ctrl＋T 对圆角矩形进行适当调整。选择图层样式"渐变叠加"，并设置相关参数，如图 6-219 所示。

（28）新建图层，选择"直线工具"，设置粗细值为 1px，颜色为灰色，在画布上画一条直线，如图 6-220 所示。

（29）使用快捷键 Ctrl＋Alt＋T 将直线向下移动，再使用 Ctrl＋Alt＋Shift＋T 组合键重复之前动作，得到效果如图 6-221 所示。

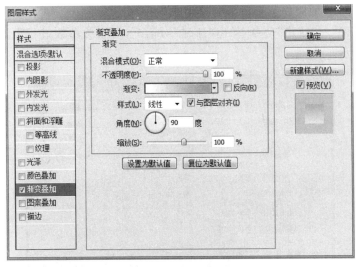

图 6-219　参数设置及效果

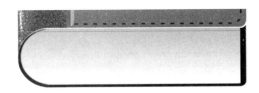

图 6-220　直线

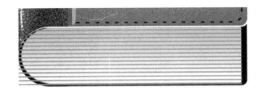

图 6-221　效果

（30）选中步骤（27）中的圆角矩形，将其作为选区创建，使用快捷键 Shift＋Ctrl＋I 反向选择后，删除多出的直线，得到如图 6-222 所示的效果。

（31）为了增加书籍的立体感，可使用"钢笔工具"、"形状工具"、"文字工具"继续对封面、封皮、封底进行处理，最终完成效果如图 6-223 所示。

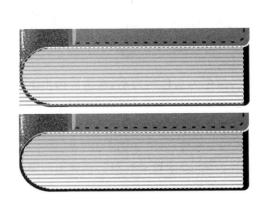

图 6-222　反向选择并删除

图 6-223　图书类 App 图标最终效果

2. 图书类 App 界面制作

（1）选择"文件"→"新建"命令，弹出"新建"对话框，对相关参数进行设置，单击"确定"按钮，如图 6-224 所示。

图 6-224　新建文件

（2）新建图层，选择"渐变工具"，渐变样式为"线性渐变"，颜色为灰色到白色，在画布上由下至上画一条渐变线，如图 6-225 所示。

（3）新建图层，选择"椭圆选框工具"，在画布上画一个椭圆选区，使用快捷键 Ctrl＋Shift＋I 对选区做反向选择，如图 6-226 所示。

图 6-225　线性渐变

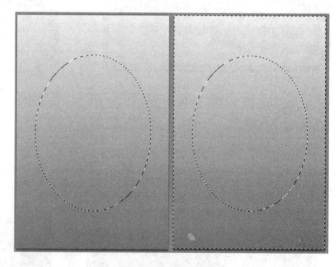

图 6-226　反向选择

（4）选择"渐变工具"，渐变样式为"径向渐变"，颜色为灰色到透明，在选区内由下至上画一条渐变线，如图 6-227 所示。

（5）选择"矩形工具"，颜色设置为灰色，在画布上画一个矩形，如图 6-228 所示。

（6）选择图层样式"投影"、"渐变叠加"，并设置相关参数，效果如图 6-229 所示。

（7）导入一张木纹素材，将其放置在矩形图层上。右击"木纹素材层"，在弹出的菜单中选择"创建剪贴蒙版"，将木纹素材放到矩形中，如图 6-230 所示。

图 6-227 径向渐变

图 6-228 矩形

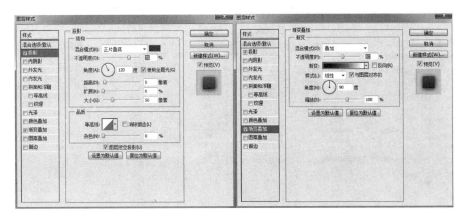

图 6-229 参数设置

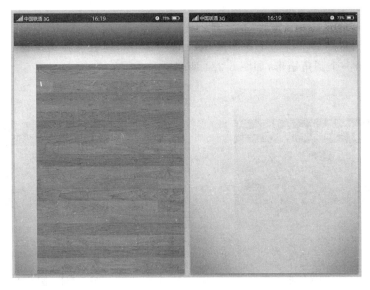

图 6-230 创建剪贴蒙版

（8）选择"圆角矩形工具"，圆角半径值设置为 10px，颜色设置为黑色，在画布上画一个圆角矩形，并将填充值调整为 0%，如图 6-231 所示。

图 6-231　圆角矩形

（9）选择图层样式"内阴影"、"颜色叠加"，并设置相关参数，如图 6-232 所示。

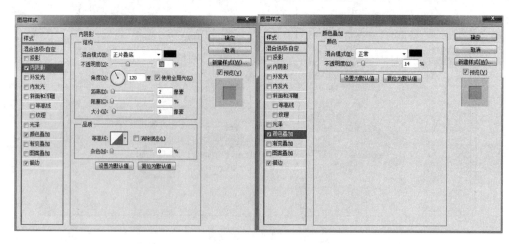

图 6-232　参数设置

（10）得到如图 6-233 所示的效果。

（11）选择"圆角矩形工具"，圆角半径值设置为 10px，颜色设置为深橙色（R：187、G：90、B：0），在画布上画一个圆角矩形，如图 6-234 所示。

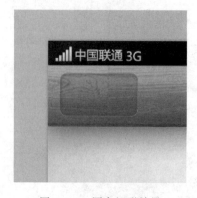

图 6-233　圆角矩形效果

图 6-234　圆角矩形

（12）选择图层样式"投影"、"渐变叠加"、"描边"，并设置相关参数，如图 6-235 所示。

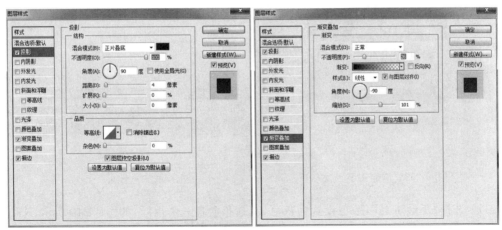

图 6-235　参数设置

（13）得到如图 6-236 所示的效果。

（14）导入一张皮革素材，拖到圆角矩形图层上，右击"皮革素材层"，在弹出的菜单中选择"创建剪贴蒙版"，将其放置到圆角矩形内，如图 6-237 所示。

图 6-236　效果

图 6-237　创建剪贴蒙版

（15）选择"文字工具"，添加相应文字，效果如图 6-238 所示。

（16）运用同样方法，制作右侧按钮，效果如图 6-239 所示。

图 6-238　添加文字

图 6-239　效果

（17）选择"矩形工具"，颜色设置为灰色，在画布上画一个矩形，如图 6-240 所示。

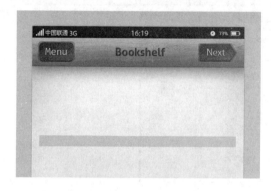

图 6-240　矩形

（18）使用快捷键 Ctrl+J 复制一个矩形以作备用。选择图层样式"投影"、"渐变叠加"，并设置相关参数，如图 6-241 所示。

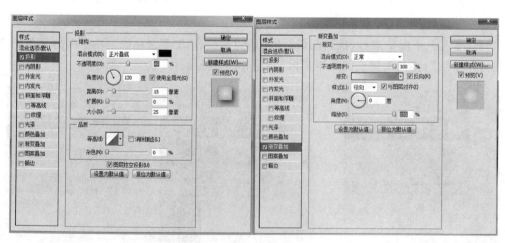

图 6-241　参数设置

（19）得到如图 6-242 所示的效果。

（20）选中之前复制的矩形图层，使用快捷键 Ctrl+T 右击选择"透视"变形后对其进行适当拖曳，如图 6-243 所示。

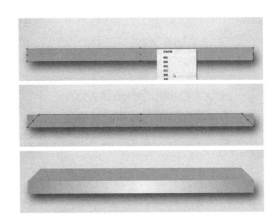

图 6-242　效果　　　　　　　　　　图 6-243　透视变换

（21）选择图层样式"渐变叠加"，并设置相关参数，如图 6-244 所示。

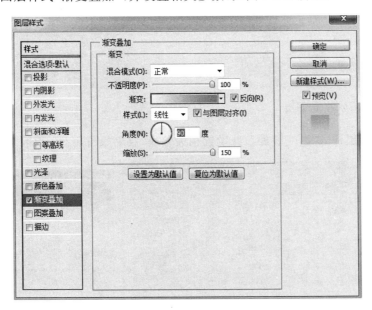

图 6-244　渐变叠加

（22）得到如图 6-245 所示的效果。

（23）选择"直线工具"，设置半径值为 1px，颜色设置为白色，在两个矩形之间画一条直线，如图 6-246 所示。

图 6-245　效果

图 6-246　绘制直线

（24）新建组，将所做的书架挡板层全部放置在"组 1"里，复制"组 1"得到"组 1 副本"和"组 1 副本 2"，适当调整三组的位置，效果如图 6-247 所示。

（25）选择"矩形工具"，颜色设置为灰色，在画布右侧画一个矩形，如图 6-248 所示。

图 6-247　复制组　　　　　　　　　　　　　　　　图 6-248　矩形

（26）选择图层样式"渐变叠加"，并设置相关参数，效果如图 6-249 所示。

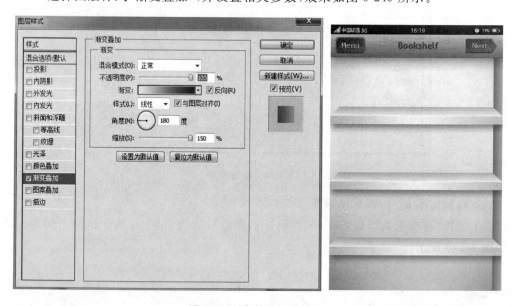

图 6-249　参数设置及效果

（27）使用快捷键 Ctrl＋J 复制一个矩形图层，将其放置在画面左侧，将图层样式中"渐变叠加"的角度更改为 0，得到如图 6-250 所示的效果。

（28）选择"矩形工具"，颜色设置为灰色，在画布上画一个矩形，如图 6-251 所示。

（29）选择图层样式"投影"、"渐变叠加"，并设置相关参数，如图 6-252 所示。

图 6-250 效果

图 6-251 矩形

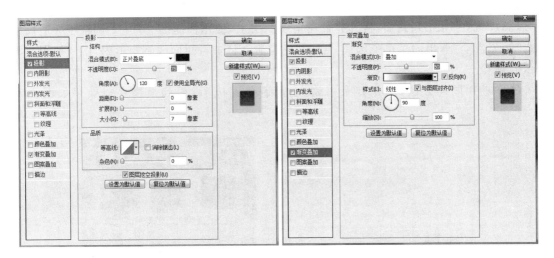

图 6-252 参数设置

（30）得到如图 6-253 所示的效果。

（31）选择"矩形工具"，颜色设置为白色，在画布上画一个矩形，并将填充值设置为 0%，如图 6-254 所示。

图 6-253 效果

图 6-254 矩形

（32）选择图层样式"渐变叠加"，并设置相关参数，如图 6-255 所示。

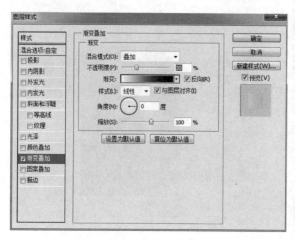

图 6-255　参数设置及效果

（33）导入一张书籍封面，将其放置在矩形图层上，使用快捷键 Ctrl＋T 调整至合适尺寸，右击"封面层"，在弹出的菜单中选择"创建剪贴蒙版"，将书籍封面放到矩形内，得到如图 6-256 所示的效果。

（34）使用同样方法，制作其余书籍，全部制作完成后，得到最终完成效果如图 6-257 所示。

图 6-256　创建剪贴蒙版　　　　　图 6-257　图书类 App 界面最终效果

6.4.3　购物类 App 制作

1. 购物类 App 图标制作

（1）选择"文件"→"新建"命令，弹出"新建"对话框，对相关参数进行设置，单击"确定"按钮，如图 6-258 所示。

（2）填充背景色为紫色（R：67、G：18、B：37）。选择"圆角矩形工具"，圆角半径值设置为

90px，颜色设置为黄色（R：235、G：179、B：68），在画布上画一个圆角矩形，如图6-259所示。

图6-258　新建文件

图6-259　圆角矩形

（3）选择图层样式"渐变叠加"，并设置相关参数，如图6-260所示。

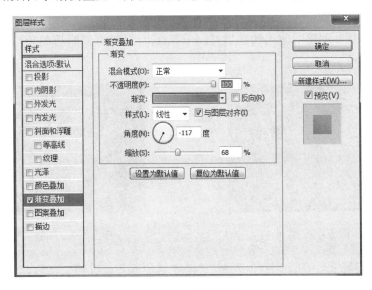

图6-260　渐变叠加

（4）得到如图6-261所示的效果。

（5）选择"圆角矩形工具"，颜色设置为深黄色（R：172、G：131、B：50），在画布上方画一个圆角矩形，如图6-262所示。

图6-261　效果

图6-262　圆角矩形

（6）选择图层样式"斜面和浮雕"、"渐变叠加"，并设置相关参数，如图 6-263 所示。

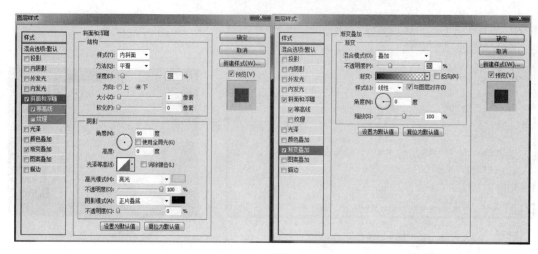

图 6-263　参数设置

（7）得到如图 6-264 所示的效果。

（8）复制"形状 2 图层"，使用快捷键 Ctrl＋T 自由变换，将复制后的矩形等比缩放至合适尺寸，如图 6-265 所示。

图 6-264　效果

图 6-265　自由变换

（9）选择图层样式"内阴影"、"内发光"、"渐变叠加"，并设置相关参数，如图 6-266 所示。

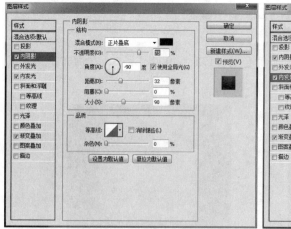

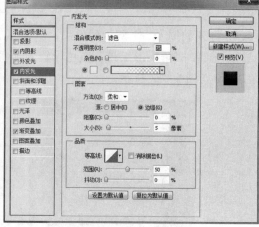

图 6-266　参数设置

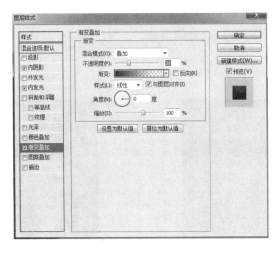

图 6-266 （续）

（10）得到如图 6-267 所示的效果。

（11）继续复制"形状 2 图层"，得到"形状 2 副本 2 图层"，如图 6-268 所示。

图 6-267 效果

图 6-268 复制图层

（12）选择图层样式"内阴影"，并设置相关参数，效果如图 6-269 所示。

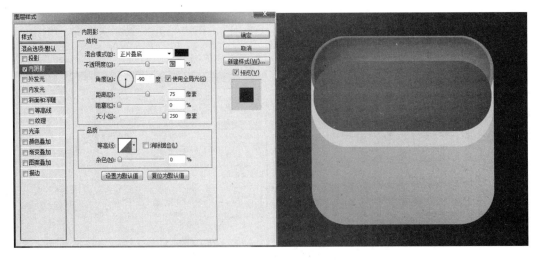

图 6-269 参数设置及效果

（13）选中"形状2副本2图层"，右击"形状2副本2图层"，在弹出的菜单中选择"创建剪贴蒙版"，将其放置到圆角矩形内，效果如图6-270所示。

（14）选择"圆角矩形工具"，颜色设置为浅黄色（R：249、G：204、B：114），在"形状1图层"上画一个圆角矩形，如图6-271所示。

图6-270　创建剪贴蒙版

图6-271　圆角矩形

（15）选择"画笔工具"，为图标主体添加阴影效果，如图6-272所示。

（16）选择"椭圆工具"，颜色设置为深黄色（R：131、G：103、B：48），使用快捷键Shift＋Alt，在画布上画一个同心圆，如图6-273所示。

图6-272　阴影效果

图6-273　同心圆

（17）选择图层样式"投影"、"内阴影"、"渐变叠加"、"描边"，并设置相关参数，如图6-274所示。

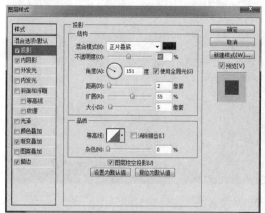

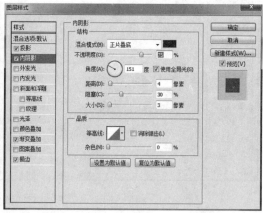

图6-274　参数设置

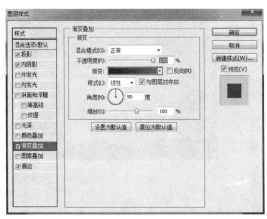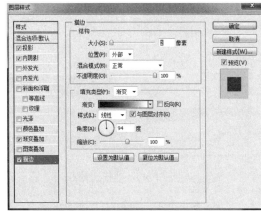

图 6-274　（续）

（18）得到如图 6-275 所示的效果。

（19）依次复制三个椭圆，并放置到合适位置，如图 6-276 所示。

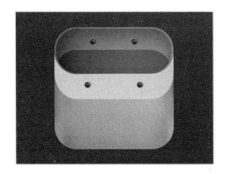

图 6-275　效果　　　　　　　　　　图 6-276　复制椭圆

（20）选择"钢笔工具"，绘制模式设置为"路径"，在画布上画一条路径线，如图 6-277 所示。

（21）新建图层，选择"画笔工具"，设置画笔相关参数，如图 6-278 所示。

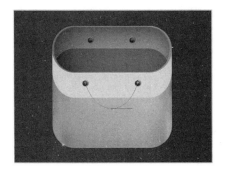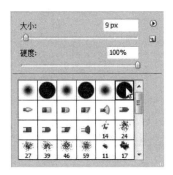

图 6-277　绘制路径　　　　　　　　图 6-278　画笔

（22）打开"路径"面板，右击工作路径，对路径进行画笔描边，如图 6-279 所示。

（23）得到如图 6-280 所示的效果。

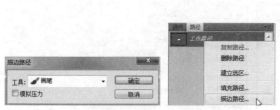

图 6-279　描边路径　　　　　　　　　　　　图 6-280　效果

（24）选择图层样式"投影"、"内发光"、"斜面和浮雕"、"图案叠加"，并设置相关参数，如图 6-281 所示。

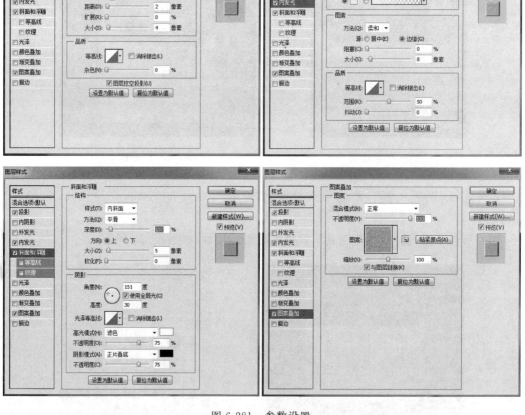

图 6-281　参数设置

（25）得到如图 6-282 所示的效果。

（26）依照上述方法，制作另一根拉绳，完成效果如图 6-283 所示。

（27）选择"圆角矩形工具"，颜色设置为红色，圆角半径值设置为 5px，在画布上画一个圆角矩形,并调整适当位置,如图 6-284 所示。

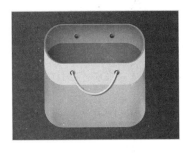
图 6-282 效果

图 6-283 效果

图 6-284 圆角矩形

(28)选择图层样式"投影"、"渐变叠加"、"描边",并设置相关参数,如图 6-285 所示。

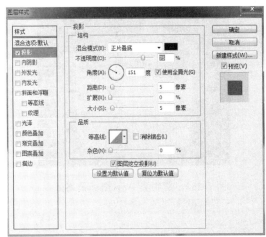

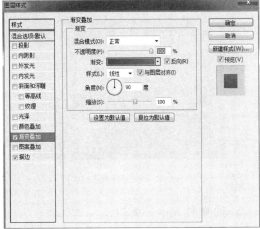

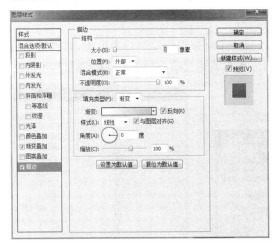

图 6-285 参数设置

(29)得到如图 6-286 所示的效果。

(30)使用之前制作拉绳的方法,为标签做一个拉绳效果,如图 6-287 所示。

(31)选择"文字工具",颜色设置为白色,输入相应文字。使用快捷键 Ctrl+T 将文字变换至合适位置,如图 6-288 所示。

图 6-286 效果

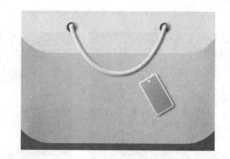

图 6-287 标签拉绳

（32）为了获得更好的效果，可为提袋添加适当的纹理效果，最终完成效果如图 6-289 所示。

图 6-288 添加并变换文字

图 6-289 购物类 App 图标最终效果

2. 购物类 App 界面制作

（1）选择"文件"→"新建"命令，弹出"新建"对话框，对相关参数进行设置，单击"确定"按钮，如图 6-290 所示。

（2）新建图层，选择"矩形工具"，颜色设置为黑色，在画布顶端绘制一个矩形，并将透明度设置为 70%，如图 6-291 所示。这个被称为状态栏，上面承载运营商、时间、电池电量等基本信息。

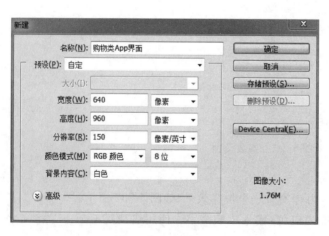

图 6-290 新建文件

图 6-291 状态栏

（3）选择"矩形工具"，设置颜色为淡黄色（R：255、G：225、B：166），在画布上画一个矩形，如图 6-292 所示。

（4）导入一张花纹的素材，将其放置在矩形图层上，如图 6-293 所示。

图 6-292　矩形

图 6-293　花纹素材

（5）设置图层混合模式为"柔光"，得到如图 6-294 所示的效果。

（6）选择"矩形工具"，设置颜色为咖啡色（R：43、G：29、B：18），在画布底部画一个矩形，如图 6-295 所示。

图 6-294　柔光

图 6-295　矩形

（7）选择图层样式"内阴影"、"渐变叠加"，并设置相关参数，如图 6-296 所示。

（8）得到如图 6-297 所示的效果。

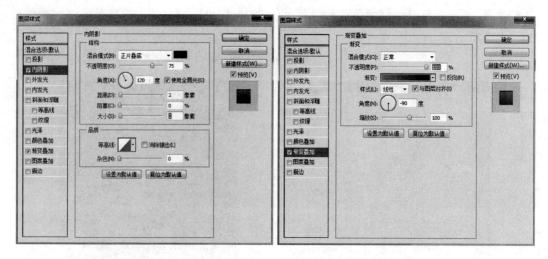

图 6-296　参数设置

（9）打开 Adobe Illustrator 软件。选择"文件"→"新建"命令，弹出"新建"对话框，对相关
参数进行设置，单击"确定"按钮，如图 6-298 所示。

图 6-297　效果

图 6-298　新建文件

（10）选择"矩形工具"，颜色设置为灰色（R：229、G：229、B：229），在画布上用矩形工具画
一个矩形，如图 6-299 所示。

（11）选择"选择工具"，选中矩形，按住 Alt 键并向下拖曳，复制一个相同的矩形，并将复制的
矩形颜色填充为白色。注意白色矩形的上边线要与灰色矩形的下边线对齐，如图 6-300 所示。

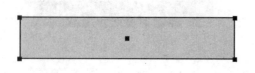

图 6-299　矩形

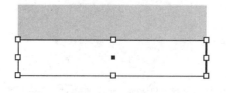

图 6-300　复制矩形

（12）选择"直接选择工具"，将两个矩形右边的节点选中，并向下拖动，使整体变成平行四边形，如图 6-301 所示。

（13）选择"选择工具"选中平行四边形，按住 Alt 键，垂直向下拖曳，复制一个相同的平行四边形，注意边线要对齐。使用快捷键 Ctrl＋D 重复上一步动作，得到一组条纹图形，如图 6-302所示。

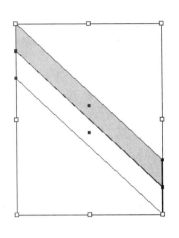

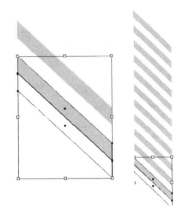

图 6-301　变成平行四边形　　　　　　　　图 6-302　条纹图形

（14）选择"圆角矩形工具"，颜色和描边色设置为"无"，圆角半径值设置为 30px，在画布上画一个圆角矩形，并将它覆盖到条纹图形的上面，如图 6-303 所示。

（15）选择"选择工具"，将它们全部选中，右击，在弹出的菜单中选择"建立剪贴蒙版"命令，得到如图 6-304 所示的效果。

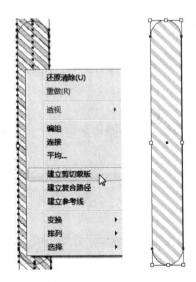

图 6-303　圆角矩形　　　　　　　　　图 6-304　建立剪贴蒙版

（16）将 Adobe Illustrator 中画好的图形拖到 Photoshop 的画布中，使用快捷键 Ctrl＋T调整好合适尺寸，如图 6-305 所示。

（17）选择图层样式"投影"、"斜面和浮雕"并设置相关参数，如图 6-306 所示。

（18）得到如图 6-307 所示的效果。

图 6-305 拖曳并调整尺寸

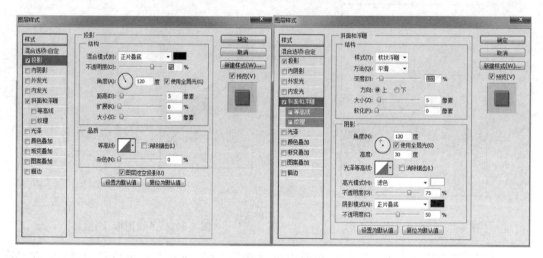

图 6-306 参数设置

（19）选择"椭圆工具"，绘制模式设置为"路径"，如图 6-308 所示。

图 6-307 效果

图 6-308 路径选项

（20）新建图层。在线的顶端绘制一个正圆，使用快捷键 Ctrl＋Enter 将路径转换为选区，如图 6-309 所示。

（21）在菜单栏选择"选择"→"修改"→"羽化"命令，在弹出的选项中设置羽化值为 2 像素，单击"确定"按钮。设置前景色为深棕色（R:58、G:46、B:22），填充选区，得到如图 6-310 所示的效果。

图 6-309 路径转换选区

图 6-310 效果

（22）再用"椭圆工具"画一个月牙形路径，同样转化为选区。新建图层，在菜单栏选择"选择"→"修改"→"羽化"命令，在弹出的选项中设置羽化值为 2 像素，单击"确定"按钮。设置前景色为白色,填充选区,得到如图 6-311 所示的效果。

（23）用上述同样的方法绘制线条底部的阴影,得到如图 6-312 所示的效果。

图 6-311　效果

图 6-312　效果

（24）为了让线条能够与背景更加融合,可将"线条图层"图层混合模式设置为"线性加深",如图 6-313 所示。

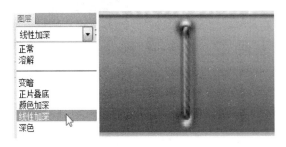

图 6-313　线性加深

（25）选中"线条图层"和"阴影图层",将它们复制若干组,按图 6-314 所示进行排布。

图 6-314　复制排布

（26）选择"多边形工具",颜色设置为咖啡色(R:43、G:29、B:18),设置边数为 3,在画布底部画一个三角形,如图 6-315 所示。

（27）选择"椭圆工具",选中"添加到形状区域"选项,在三角形形状上绘制一个圆形,如图 6-316 所示。

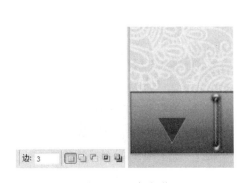

图 6-315　多边形

图 6-316　绘制圆形

（28）继续选择"椭圆工具"，选中"从形状区域减去"选项，在圆形中心位置画一个同心圆，如图 6-317 所示。

图 6-317　同心圆

（29）选择图层样式"投影"、"内阴影"，并设置相关参数，如图 6-318 所示。

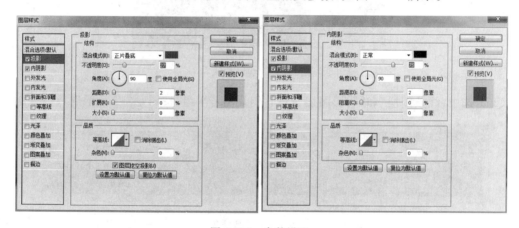

图 6-318　参数设置

（30）得到如图 6-319 所示的效果。

（31）复制出两个相同的图形，使用快捷键 Ctrl＋T 将它们调整至图 6-320 所示的效果，并添加相应文字。

图 6-319　效果

图 6-320　效果

（32）按照以上方法制作出其他的四个图标，如图 6-321 所示。

（33）选择"圆角矩形工具"，圆角半径设置为 10px，颜色设置为褐色，在第二个图标"优惠"的图层下方，绘制一个圆角矩形，效果如图 6-322 所示。

图 6-321　图标效果

图 6-322　圆角矩形

（34）选择图层样式"投影"、"内阴影"、"内发光"、"渐变叠加"并设置相关参数，如图 6-323 所示。

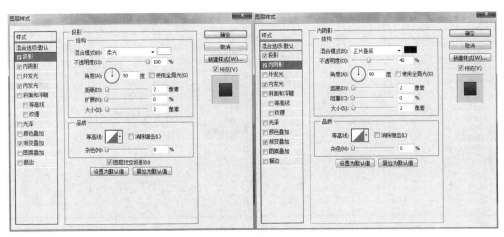

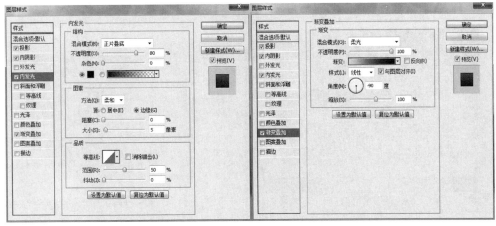

图 6-323　参数设置

（35）得到如图 6-324 所示的效果。

（36）将圆角矩形图层的混合模式改为"滤色"，并将填充值设置为 0％，如图 6-325 所示。

图 6-324　效果　　　　　　　　　　图 6-325　滤色

（37）选择优惠图标图层，选择图层样式"投影"、"渐变叠加"，并设置相关参数，如图 6-326 所示。

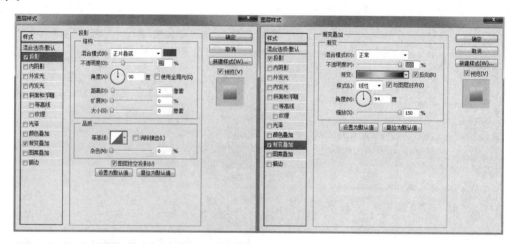

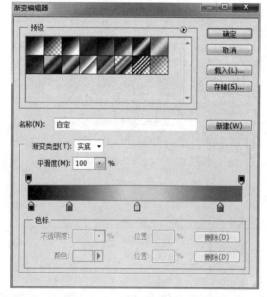

图 6-326　参数设置

（38）这样优惠图标调整成为金色，和底下的圆角矩形一起形成了选中状态，如图 6-327 所示。

（39）接下来完成界面上方的导航栏，导航栏的制作可以借鉴 Tab 栏的制作方法，并且可以适当加入纹理以作区分，完成效果如图 6-328 所示。

图 6-327 选中状态

图 6-328 导航栏

（40）选择"钢笔工具"，绘制模式设置为"路径"，在画布的左侧绘制锯齿状路径，如图 6-329 所示。

（41）使用快捷键 Ctrl＋Enter 将路径转换为选区。切换至 Channels（通道）调板，新建一个通道得到 Alpha1，如图 6-330 所示。

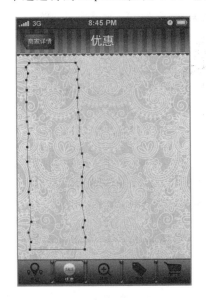

图 6-329 绘制路径

图 6-330 新建通道

（42）设置前景色为白色，使用快捷键 Alt＋Delete 填充前景色，并按快捷键 Ctrl＋D 取消选区，得到如图 6-331 所示的效果。

（43）在菜单栏选择"滤镜"→"画笔描边"→"喷溅"命令，在弹出的对话框中设置相应的参数，得到如图 6-332 所示的效果。

（44）按住 Ctrl 键单击 Alpha1 的图层通道缩略图以调出其选区，返回至图层面板，新建图层，使用快捷键 Alt＋Delete 填充前景色，得到如图 6-333 所示的效果。

（45）选择图层样式"外发光"，并设置相关参数，如图 6-334 所示。

图 6-331　在通道中制作状态　　　　　　　　　图 6-332　喷溅效果

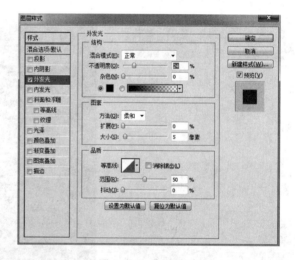

图 6-333　效果　　　　　　　　　　　　图 6-334　参数设置

（46）使用快捷键 Ctrl＋T 自由变换，将其调整至合适尺寸，如图 6-335 所示。

（47）将商品图片、商品文字标题、价格、分割线等放置到界面中，并添加相应的图层样式。注意商品图片的投影要单独处理。这样一个完整的购物 App 界面就完成了，如图 6-336 所示。

6.4.4　健康类 App 制作

1. 健康类 App 图标制作

（1）选择"文件"→"新建"命令，弹出"新建"对话框，对相关参数进行设置，单击"确定"按钮，如图 6-337 所示。

图 6-335　效果

图 6-336　购物类 App 界面最终效果

（2）选择"矩形工具"，设置颜色为深灰色（R：53、G：53、B：53），在画布上画一个矩形，如图 6-338 所示。

图 6-337　新建文件

图 6-338　矩形

（3）选择图层样式"内阴影"，并设置相关参数，效果如图 6-339 所示。

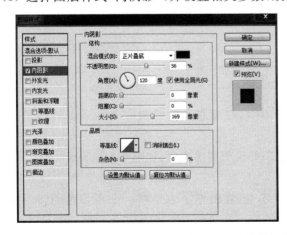

图 6-339　参数设置及效果

（4）选择"圆角矩形工具"，圆角半径值设置为 40px，颜色设置为白色，在画布上画一个圆角矩形，如图 6-340 所示。

图 6-340　圆角矩形

（5）选择图层样式"内阴影"、"渐变叠加"，并设置相关参数，如图 6-341 所示。

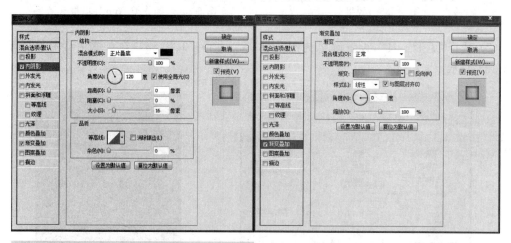

图 6-341　参数设置

（6）得到如图 6-342 所示的效果。

（7）再次选择"圆角矩形工具"，属性不变，在画布上方绘制一个小一点的圆角矩形，如图 6-343 所示。

（8）选择图层样式"投影"、"渐变叠加"，并设置相关参数，如图 6-344 所示。

（9）得到如图 6-345 所示的效果。

（10）继续选择"圆角矩形工具"，属性不变，在画布上方绘制一个小一点的圆角矩形，如图 6-346 所示。

图 6-342　效果

图 6-343　圆角矩形

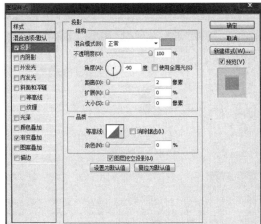

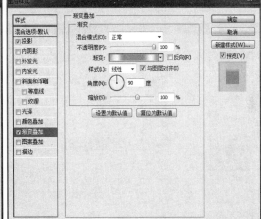

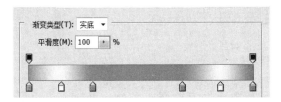

图 6-344　参数设置

图 6-345　效果

图 6-346　圆角矩形

　　（11）选择图层样式"内阴影"、"颜色叠加"、"渐变叠加"、"图案叠加"，并设置相关参数，如图 6-347 所示。

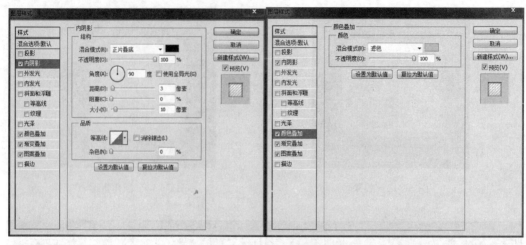

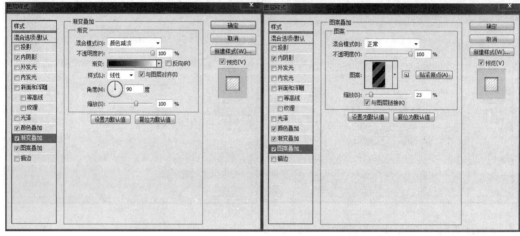

图 6-347　参数设置

（12）得到如图 6-348 所示的效果。

（13）再次选择"圆角矩形工具"，属性不变，在画布上方绘制一个小一点的圆角矩形，如图 6-349 所示。

图 6-348　效果　　　　　　　　　　图 6-349　圆角矩形

（14）选择图层样式"投影"、"内阴影"、"描边"，并设置相关参数，如图 6-350 所示。

（15）将该图层的填充值设置为 0％后，得到图标底座完成效果，如图 6-351 所示。

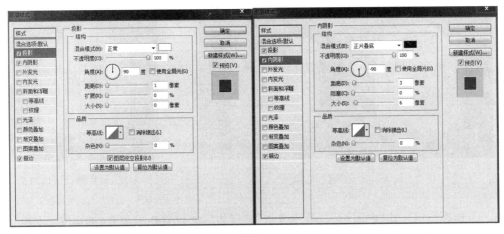

图 6-350　参数设置

（16）使用快捷键 Ctrl＋R 打开标尺，从标尺内左右两侧各拉出两条参考线，交叉放置在画面中心位置，如图 6-352 所示。

图 6-351　底座效果

图 6-352　参考线

（17）选择"椭圆工具"，颜色设置为白色，按住 Shift＋Alt 键，在交叉位置处绘制一个同心圆。选中"从形状区域减去"选项，在圆心处挖出一个同心圆，如图 6-353 所示。

（18）选择"矩形工具"，选中"从形状区域减去"选项，减去同心圆的下半部分，得到如图 6-354 所示的效果。

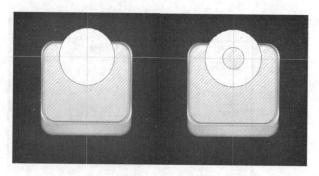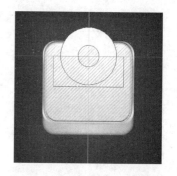

图 6-353 镂空同心圆　　　　　　　　　图 6-354 从形状区域减去

（19）选择图层样式"内阴影"、"渐变叠加"、"描边"，并设置相关参数，如图 6-355 所示。

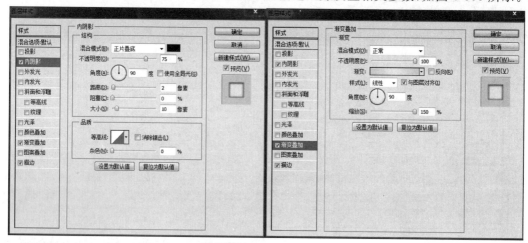

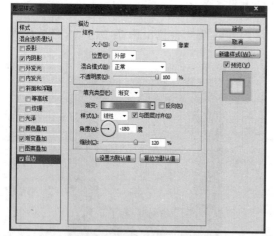

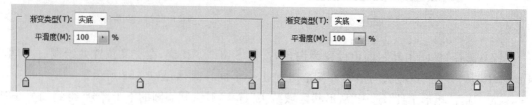

图 6-355 参数设置

（20）得到如图6-356所示的效果。

（21）使用上述同样方法，继续使用"椭圆工具"和"矩形工具"，在画布上制作一个小一点的半圆，如图6-357所示。

图6-356 效果

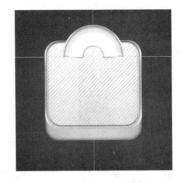

图6-357 半圆绘制

（22）选择图层样式"投影"、"内阴影"、"渐变叠加"，并设置相关参数，如图6-358所示。

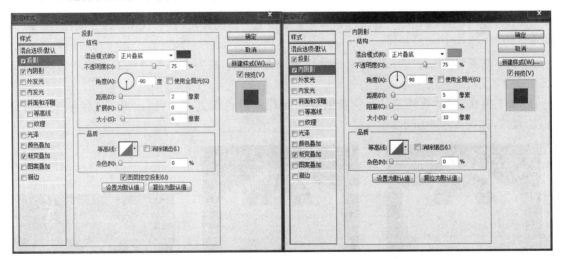

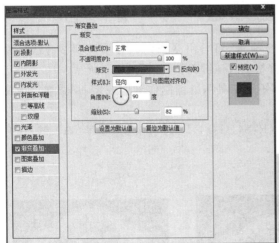

图6-358 参数设置

（23）得到如图 6-359 所示的效果。

（24）选择"直线工具"，设置粗细值为 4px，颜色设置为白色，在画布上绘制一条直线，如图 6-360 所示。

（25）使用快捷键 Ctrl＋Alt＋T 调出自由变换框，将自由变换的圆心放置到参考线的交叉处，在属性栏中，将旋转的角度设置为 60 度，并按 Enter 键确认，如图 6-361 所示。

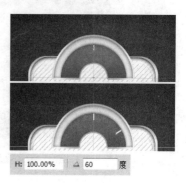

图 6-359　效果　　　　　　图 6-360　直线　　　　　　图 6-361　自由变换

（26）使用快捷键 Ctrl＋Shift＋Alt＋T 重复做上一步的旋转，直到直线旋转一圈，如图 6-362 所示。

（27）选择"矩形工具"，选中"从形状区域减去"选项，减去水平参考线下面的三条直线，如图 6-363 所示。

（28）再次选择"直线工具"，设置粗细值为 2px，颜色设置为白色，在画布上绘制一条短一点的直线，如图 6-364 所示。

图 6-362　重复旋转　　　　图 6-363　从形状区域减去　　　　图 6-364　直线

（29）使用快捷键 Ctrl＋Alt＋T 调出自由变换框，将自由变换的圆心放置到参考线的交叉处，在属性栏中，将旋转的角度设置为 6 度，并按 Enter 键确认，如图 6-365 所示。

（30）使用快捷键 Ctrl＋Shift＋Alt＋T 和"矩形工具"，继续制作刻度效果，并添加相应文字，得到效果如图 6-366 所示。

（31）选择"椭圆工具"，颜色设置为深灰色（R：84、G：84、B：84），按住 Shift＋Alt 键，在画布上画一个同心圆，如图 6-367 所示。

图 6-365　旋转　　　　　　图 6-366　效果　　　　　　图 6-367　绘制同心圆

（32）选择图层样式"内阴影"、"描边"，并设置相关参数，如图6-368所示。

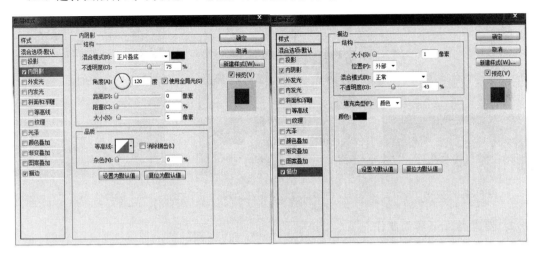

图 6-368　参数设置

（33）得到如图6-369所示的效果。

（34）选择"椭圆工具"，颜色设置为黑色，在画布上绘制一个同心圆，如图6-370所示。

图 6-369　效果　　　　　　　　　　　　图 6-370　同心圆

（35）选择图层样式"斜面和浮雕"、"渐变叠加"，并设置相关参数，如图6-371所示。

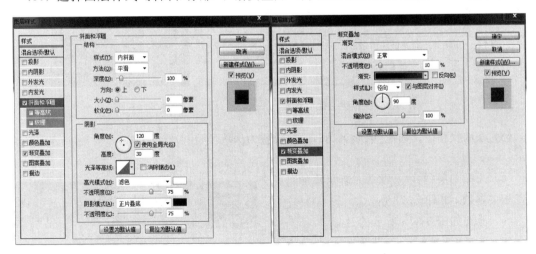

图 6-371　参数设置

（36）得到如图6-372所示的效果。

（37）选择"钢笔工具"，颜色设置为红色，在圆形形状上绘制一个三角形。选择"钢笔工具"，颜色设置为深红色，在三角形的中心，再画一个小一些的三角形，如图6-373所示。

（38）选择"文字工具"、"形状工具"以及"添加图层样式"，完成图标余下的部分，最终完成效果如图 6-374 所示。

图 6-372　效果

图 6-373　绘制三角形

图 6-374　健康类 App 图标最终效果

2. 健康类 App 界面制作

（1）选择"文件"→"新建"命令，弹出"新建"对话框，对相关参数进行设置，单击"确定"按钮，如图 6-375 所示。

（2）选择"渐变工具"，渐变样式为径向渐变，颜色设置为浅黄色（R:253、G:235、B:207）到深灰色（R:132、G:119、B:99），在画布中由上至下画一条渐变线，如图 6-376 所示。

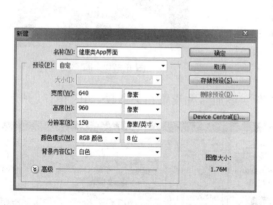

图 6-375　新建文件

图 6-376　径向渐变

（3）添加状态栏。选择"矩形工具"，颜色设置为深灰色，在画布上绘制一个矩形，如图 6-377 所示。

（4）选择图层样式"投影"、"渐变叠加"，并设置相关参数，如图 6-378 所示。

（5）得到如图 6-379 所示的效果。

（6）选择"圆角矩形工具"，圆角半径值设置为 4px，设置颜色为浅灰色（R:141、G:133、

图 6-377　矩形

B:199），在画布上绘制一个圆角矩形，如图 6-380 所示。选择"钢笔工具"，在圆角矩形左侧添加一个描点，如图 6-381 所示。使用"直接选择工具"，选中该描点，并拖曳成一个三角形状，如图 6-382 所示。

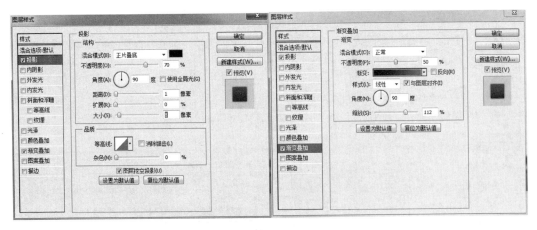

图 6-378　参数设置

图 6-379　效果

图 6-380　圆角矩形

图 6-381　添加描点

图 6-382　拖曳描点

（7）选择图层样式"内阴影"、"内发光"、"渐变叠加"，并设置相关参数，如图 6-383 所示。

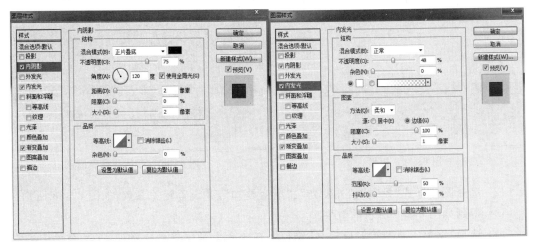

图 6-383　参数设置

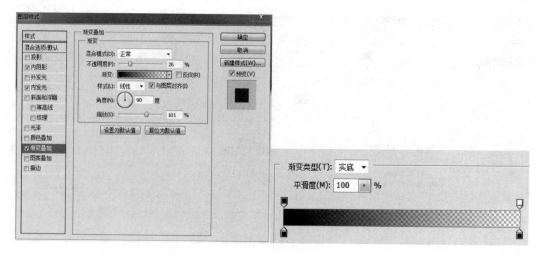

图 6-383 （续）

（8）得到如图 6-384 所示的效果。

（9）选择"文字工具"，添加相应文字，得到如图 6-385 所示的效果。

图 6-384 效果

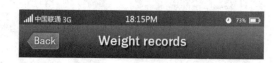

图 6-385 效果

（10）选择"矩形工具"，颜色设置为黄色（R:255、G:204、B:0），在画布底部画一个矩形，如图 6-386 所示。

（11）选择"钢笔工具"，在矩形的中心位置添加一个描点。选择"直接选择工具"，选中该描点，并向上拖曳至合适位置，得到如图 6-387 所示的效果。

图 6-386 矩形

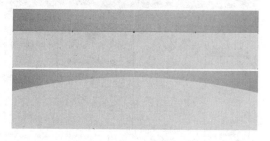

图 6-387 添加并拖曳描点

（12）选择图层样式"投影"、"外发光"、"渐变叠加"，并设置相关参数，如图 6-388 所示。

（13）得到如图 6-389 所示的效果。

（14）选择"钢笔工具"，绘制模式为"路径"，在画布上画一条直线路径，并在路径中心添加一个描点。选择"直接选择工具"，选中该描点，并向上拖曳至合适位置，如图 6-390 所示。

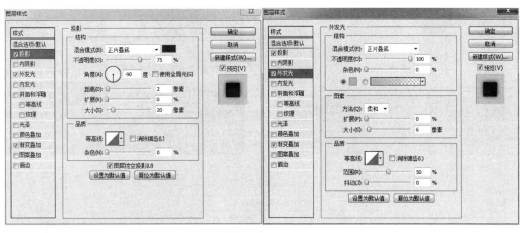

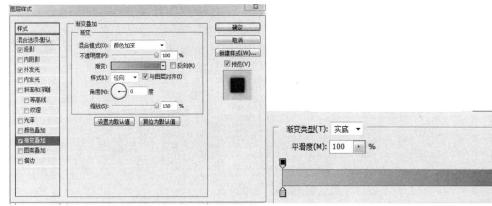

图 6-388 参数设置

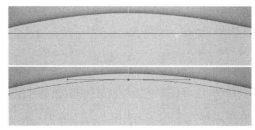

图 6-389 效果

图 6-390 绘制并拖曳路径

(15)新建图层,选择"画笔工具",设置画笔颜色为深灰色(R:83,G:83,B:83),粗细值为 3px。选中"路径面板",右击"工作路径",选择"描边路径",并设置相关参数,得到如图 6-391 所示的效果。

(16)选择"椭圆工具",颜色设置为白色,按下快捷键 Shift+Alt,在画布上画一个同心圆。选中"交叉形状区域"选项,在圆形下面再绘制一个同心圆,得到如图 6-392 所示的效果。

(17)选择图层样式"投影"、"外发光",并设置相关参数,如图 6-393 所示。

(18)选择"自定义形状工具",在画布上绘制一个三角形,如图 6-394 所示。

(19)选择"直线工具",设置粗细值为 2px,颜色设置为深灰色,在画布上绘制三条直线,如图 6-395 所示。

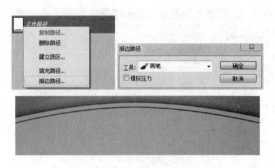

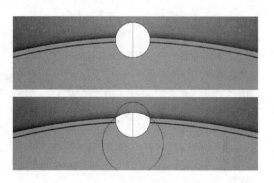

图 6-391 描边路径　　　　　　　　　　　图 6-392 交叉形状区域

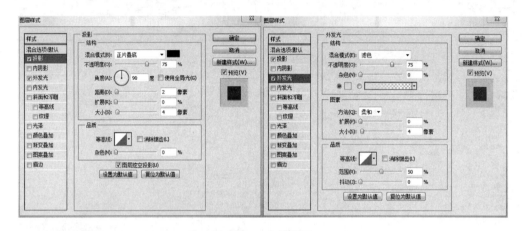

图 6-393 参数设置

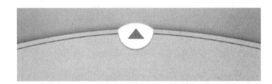

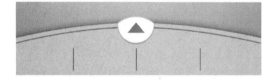

图 6-394 效果　　　　　　　　　　　　图 6-395 绘制直线

（20）选择"自定义形状工具"，选择"心形形状"，颜色设置为深褐色（R:35、G:24、B:22），在画布上画一个心形，如图 6-396 所示。

（21）选择"钢笔工具"，选中"从形状区域减去"选项，在心形形状上绘制曲线路径，如图 6-397 所示。

图 6-396 心形形状　　　　　　　　　　图 6-397 从形状区域减去

（22）使用同样方法，绘制其他图标，并添加相应文字，得到如图 6-398 所示的效果。

（23）使用快捷键 Ctrl＋R 打开标尺，从标尺内各拽出一条参考线。选择"椭圆工具"，颜色设置为白色，在参考线的交叉处，绘制一个同心圆，如图 6-399 所示。

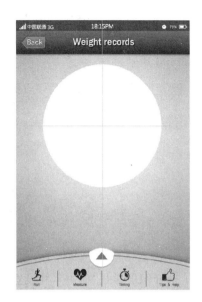

图 6-398　效果　　　　　　　　　　　　图 6-399　同心圆

（24）选择图层样式"投影"、"内阴影"、"渐变叠加"、"描边"，并设置相关参数，如图 6-400 所示。

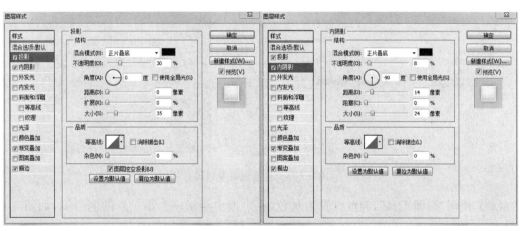

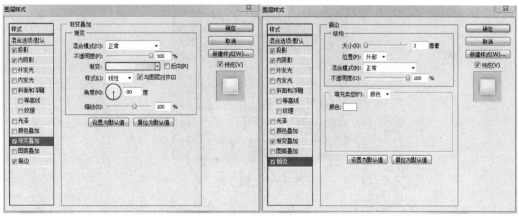

图 6-400　参数设置

（25）得到如图 6-401 所示的效果。

（26）选择"椭圆工具"，颜色设置成黄色（R：255、G：189、B：0），在画布中心绘制一个同心圆，如图 6-402 所示。

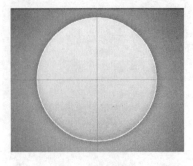 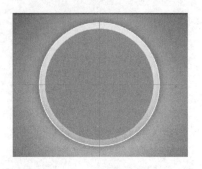

图 6-401　效果　　　　　　　　　　　　　　图 6-402　同心圆

（27）选择图层样式"描边"，并设置相关参数，得到如图 6-403 所示的效果。

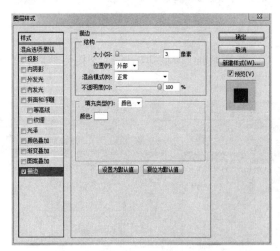 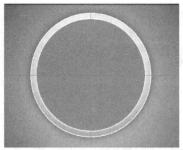

图 6-403　参数设置及效果

（28）使用"椭圆工具"，颜色设置为灰色，在画面中绘制一个小一点的同心圆，如图 6-404 所示。

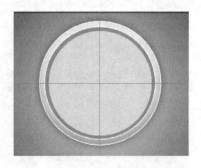

图 6-404　同心圆

（29）选择图层样式"内阴影"、"内发光"、"渐变叠加"、"描边"，并设置相关参数，如图 6-405 所示。

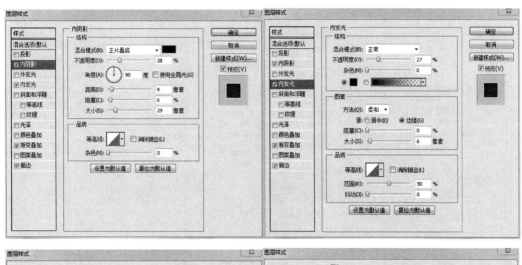

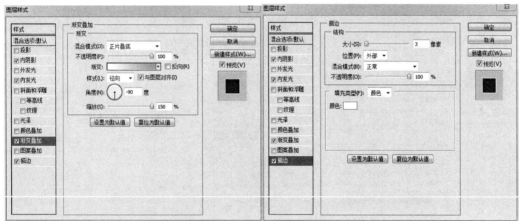

图 6-405　参数设置

（30）得到如图 6-406 所示效果。

（31）选择"文字工具"，添加相关文字，并添加图层样式"内阴影"，得到如图 6-407 所示的效果。

（32）选择"圆角矩形工具"，圆角半径值设置为 20px，颜色设置为白色，在画布上画一个圆角矩形，如图 6-408 所示。

图 6-406　效果

图 6-407　效果

图 6-408　圆角矩形

（33）选择图层样式"投影"、"内阴影"、"内发光"、"渐变叠加"，并设置相关参数，如图 6-409 所示。

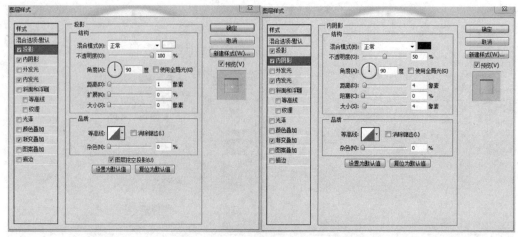

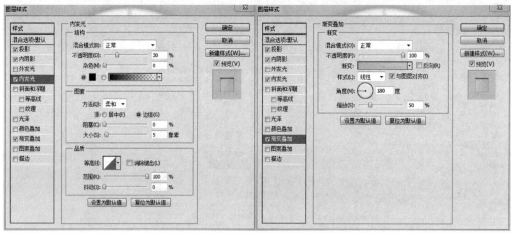

图 6-409　参数设置

（34）得到如图 6-410 所示的效果。

（35）选择"椭圆工具"，设置颜色为白色，在圆角矩形内画一个同心圆，如图 6-411 所示。

图 6-410　效果

图 6-411　同心圆

　　（36）选择图层样式"外发光"、"内发光"、"斜面和浮雕"、"渐变叠加"，并设置相关参数，如图 6-412 所示。

　　（37）得到如图 6-413 所示的效果。

　　（38）选择"文字工具"，添加相关文字后，得到如图 6-414 所示的效果。

　　（39）选择"圆角矩形工具"，圆角半径值设置为 10px，颜色设置为白色，在画布上画一个圆角矩形，如图 6-415 所示。

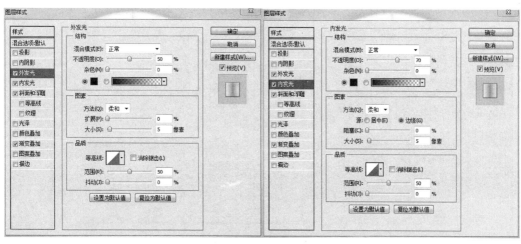

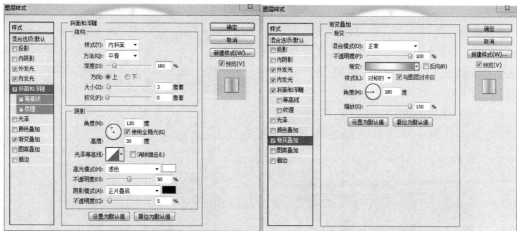

图 6-412 参数设置

图 7-413 效果

图 6-414 添加文字效果

图 6-415 圆角矩形

（40）选择图层样式"内阴影"、"渐变叠加"，并设置相关参数，如图 6-416 所示。

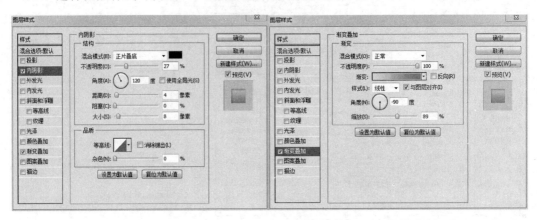

图 6-416　参数设置

（41）得到如图 6-417 所示的效果。

（42）选择"圆角矩形工具"，圆角半径值设置为 50px，颜色设置为灰色，在画布上画一个圆角矩形，如图 6-418 所示。

（43）使用上述方法，将颜色设置为深灰色，在图形内部画一个小一点的圆角矩形，如图 6-419 所示。

图 6-417　效果

图 6-418　圆角矩形

图 6-419　内部圆角矩形

（44）选择图层样式"内阴影"、"图案叠加"、"描边"，并设置相关参数，如图 6-420 所示。

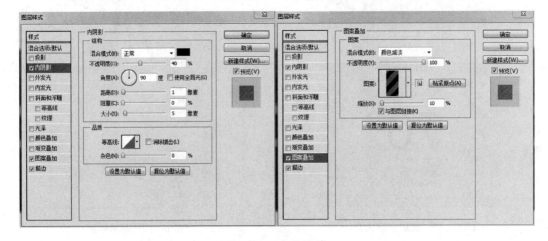

图 6-420　参数设置

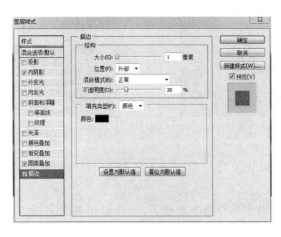

图 6-420 （续）

（45）得到如图 6-421 所示的效果。

（46）选择"圆角矩形工具"，颜色设置为黑色，在图形内部再绘制一个圆角矩形，如图 6-422 所示。

图 6-421 效果

图 6-422 黑色圆角矩形

（47）选择图层样式"渐变叠加""描边"，并设置相关参数，如图 6-423 所示。

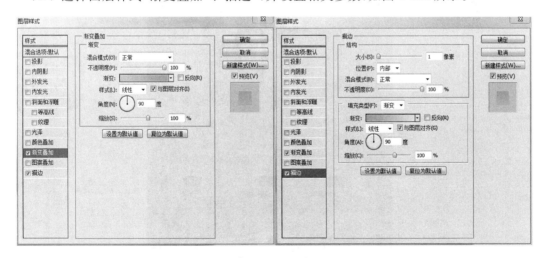

图 6-423 参数设置

（48）得到如图 6-424 所示的效果。

（49）选择"圆角矩形工具"，圆角半径值设置为 4px，颜色设置为深灰色（R:39、G:39、B:39），在画布上画一个圆角矩形，如图 6-425 所示。

图 6-424　效果

图 6-425　圆角矩形

（50）选择"自定义形状工具"，在画面上绘制一个三角形，并添加相关文字，如图 6-426 所示。

（51）使用同样方法制作另外两条滑动条，并添加相关文字，效果如图 6-427 所示。

图 6-426　效果

图 6-427　效果

（52）对界面整体进行适当调整后，得到最终效果如图 6-428 所示。

图 6-428　健康类 App 界面最终效果

6.4.5 美食类 App 制作

1. 美食类 App 图标制作

(1) 选择"文件"→"新建"命令,弹出"新建"对话框,对相关参数进行设置,单击"确定"按钮,如图 6-429 所示。

(2) 选择"油漆桶"工具,颜色设置为蓝色(R:204、G:235、B:227),填充背景色。选择"圆角矩形工具",圆角半径值设置为 60px,颜色设置为红色(R:245、G:134、B:123),在画布上画一个圆角矩形,如图 6-430 所示。

图 6-429　新建文件　　　　　　　　　　图 6-430　圆角矩形

(3) 选择"椭圆工具",颜色设置为白色,使用快捷键 Shift+Alt 在画布上画一个同心圆,如图 6-431 所示。

(4) 选择"矩形工具",选择"从形状区域减去"选项,减去一部分圆形,如图 6-432 所示。

图 6-431　同心圆　　　　　　　　　　图 6-432　从形状区域减去

(5) 选择"直接选择工具",选中椭圆路径,使用"钢笔工具",在椭圆路径下方各添加两个描点,使用"转换点工具",将描点转换为"直线路径",并适当调整,如图 6-433 所示。

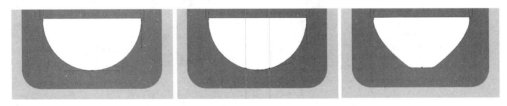

图 6-433　将描点转换为直线路径

（6）复制"椭圆图层"，将复制后的图层栅格化。选择"多边形套索工具"，选取多边形选区并删除。将删除后的图形填充为灰色（R：220、G：220、B：220），如图 6-434 所示。

（7）选择"矩形工具"，颜色设置为白色，在画布上绘制一个矩形，并使用上述方法，填充部分矩形为灰色，如图 6-435 所示。

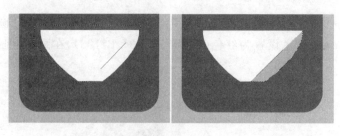

图 6-434 填充选区

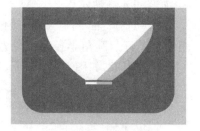

图 6-435 绘制矩形

（8）选择"椭圆工具"，颜色设置为白色，使用快捷键 Shift＋Alt 在画布上绘制一个同心圆。选中"从形状区域减去"选项，减去内部圆形，如图 6-436 所示。选择"矩形工具"，选中"从形状区域减去"选项，减去下半部分同心圆，如图 6-437 所示。

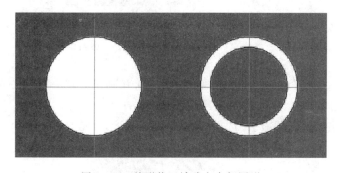

图 6-436 从形状区域减去内部圆形

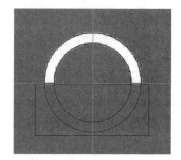

图 6-437 从形状区域减去
下半部分同心圆

（9）复制多个半圆，并放置到合适位置，如图 6-438 所示。

（10）选择"椭圆工具"，颜色设置为深红色（R：199、G：14、B：30），在画布上添加同心圆。选择"直线工具"，半径值设置为 6px，颜色设置为黄色（R：253、G：232、B：153），在画布上添加直线形状，并适当调整位置，如图 6-439 所示。

图 6-438 复制调整

图 6-439 添加形状

（11）选择"圆角矩形工具"，设置半径值为 10px，颜色设置为深灰色（R：39、G：39、B：39），在画布上画一个圆角矩形。使用快捷键 Ctrl＋T 自由变换，将圆角矩形旋转 45°。右击自由变换，在弹出的菜单中选中"透视"，适当调整透视角度，如图 6-440 所示。

图 6-440　圆角矩形

（12）选择"椭圆工具"，选中"添加到形状区域"选项，在圆角矩形上方添加一个同心圆。继续使用"椭圆工具"，选中"从形状区域减去"选项，在同心圆中减出一个镂空的圆，效果如图 6-441 所示。

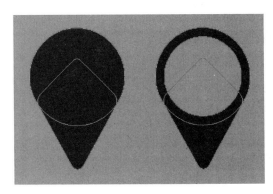

图 6-441　减出镂空的圆

（13）选择图层样式"渐变叠加"，并设置相关参数，如图 6-442 所示。

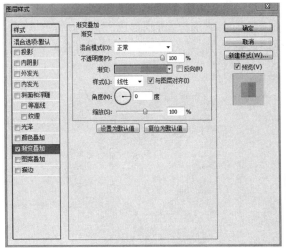

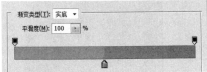

图 6-442　参数设置

（14）得到如图 6-443 所示的效果。

（15）选择"多边形工具"，设置边数为 3，颜色设置为黑色，在底部画一个三角形，如图 6-444 所示。

图 6-443　效果

图 6-444　三角形

（16）将三角形的填充值设置为 0%。选择图层样式"渐变叠加"，并设置相关参数，如图 6-445 所示。

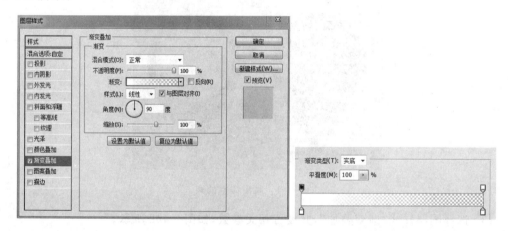

图 6-445　参数设置

（17）选择"椭圆工具"、"文字工具"，继续添加余下部分，得到如图 6-446 所示的效果。

（18）新建图层，使用"套索工具"，在碗的底部绘制一个多边形选区，如图 6-447 所示。

图 6-446　效果

图 6-447　选区

（19）选择"渐变工具"，渐变样式为"线性渐变"，渐变颜色为深红（R：233、G：124、B：116）到透明，在画布上由左至右画一条渐变线，最终完成效果如图 6-448 所示。

2. 美食类 App 界面制作

（1）选择"文件"→"新建"命令，弹出"新建"对话框，对相关参数进行设置，单击"确定"按钮，如图 6-449 所示。

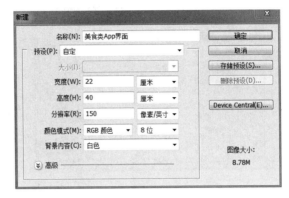

图 6-448　美食类 App 图标最终效果　　　　　　图 6-449　新建文件

（2）选择"油漆桶工具"，颜色设置为浅灰色（R：234、G：232、B：226），填充背景色，如图 6-450 所示。

（3）选择"矩形工具"，颜色设置为红色（R：251、G：101、B：86），在画布上画一个矩形，如图 6-451 所示。

图 6-450　填充背景色　　　　　　　　　　图 6-451　矩形

（4）选择图层样式"渐变叠加"，并设置相关参数，如图 6-452 所示。

（5）选择"形状工具"、"文字工具"，添加状态栏，效果如图 6-453 所示。

（6）新建图层，选择"圆角矩形工具"，圆角设置半径值为 20px，绘制模式为"路径"，在画布上绘制一个圆角矩形路径，如图 6-454 所示。

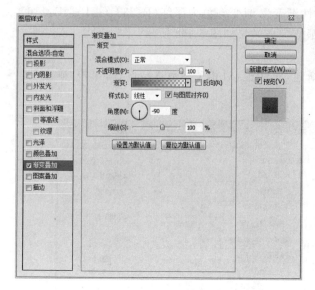

图 6-452　参数设置

图 6-453　状态栏

图 6-454　圆角矩形

（7）选择"画笔工具"，设置画笔大小为 4px，颜色设置为白色。切换至"路径面板"，右击"工作路径"，在弹出的菜单中选择"描边路径"，如图 6-455 所示。

图 6-455　描边路径

（8）得到如图 6-456 所示的效果。

（9）选择"矩形选框工具"，选中圆角矩形下面的部分并删除，效果如图 6-457 所示。

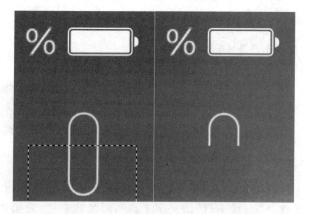

图 6-456　效果　　　　　　　　图 6-457　删除圆角矩形下面部分

（10）使用上述方法，继续绘制，并添加相关文字，效果如图 6-458 所示。

（11）选择"矩形工具"，颜色设置为白色，在画布上画一个矩形，如图 6-459 所示。

（12）复制白色矩形，将其放置到画面下方合适位置，如图 6-460 所示。

图 6-458

图 6-459　矩形

图 6-460　复制矩形

（13）选择"椭圆工具"，颜色设置为灰色，使用快捷键 Shift＋Alt 在画布上方绘制一个同心圆，如图 6-461 所示。

（14）继续使用"椭圆工具"，在画布上绘制四个小一点的同心圆，如图 6-462 所示。

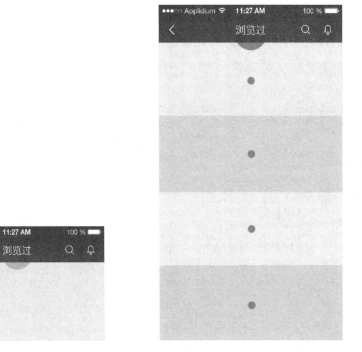

图 6-461　椭圆

图 6-462

（15）选择"直线工具"，颜色设置为灰色，设置粗细值为4px，在画布上画一条直线，如图6-463所示。

（16）选择"椭圆工具"，颜色设置为灰色，使用快捷键Shift＋Alt在画布上画一个同心圆，如图6-464所示。

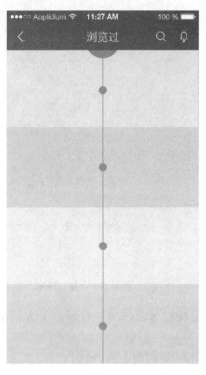

图 6-463　直线

图 6-464　同心圆

（17）选择图层样式"内阴影"，并设置相关参数，效果如图6-465所示。

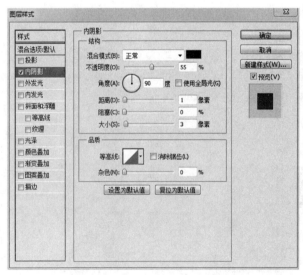

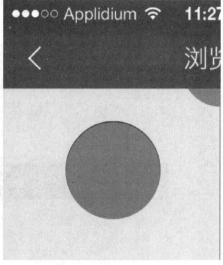

图 6-465　参数设置

（18）导入一张美食素材，将其放置在椭圆图层上。右击"美食素材层"，在弹出的菜单中选择"创建剪贴蒙版"，如图6-466所示。

（19）选择"自定义形状工具"，选择"心形形状"，颜色设置为红色（R：252、G：102、B：87），在画布上画一个心形，如图6-467所示。

图6-466　剪贴蒙版

图6-467　心形形状

（20）复制多个心形。将最后一个心形的颜色更改为灰色，如图6-468所示。

（21）选择"矩形工具"，颜色设置为红色，在画布上绘制一个矩形，将其放置在"灰色桃心层"上右击，在弹出的菜单中选择"创建剪贴蒙版"，如图6-469所示。

图6-468　心形效果

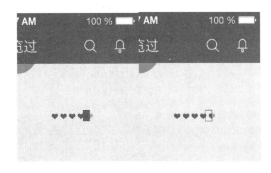

图6-469　剪贴蒙版

（22）选择"文字工具"，输入相关文字，如图6-470所示。

图6-470　输入相关文字

（23）使用上述方法，制作余下部分，最终完成效果如图 6-471 所示。

图 6-471　美食类 App 界面最终效果

第 7 章

手机界面设计

本章学习目标
- 了解手机界面设计的类别及特征
- 熟练掌握手机界面设计原则
- 熟练掌握手机界面案例制作

本章将介绍手机界面的相关知识,包括什么是手机界面、系统界面的布局方式以及相关界面设计实例。

7.1 手机界面设计概述

随着科技的发展,智能手机的功能越来越多,多元化、人性化的手机软件层出不穷。手机已成为人们生活的主体,人们不仅期望手机的硬件拥有更加强大的配置和绚丽的外观,同时也更加青睐于那些美观实用、操作便捷的图形化软件界面。

7.1.1 什么是手机界面

手机界面,是用户与手机系统、应用交互最直接的窗口。与其他软件界面相比,手机界面的设计有着更多的局限性和特殊性。这种局限性主要来自于手机设备的物理特性,即屏幕尺寸。要在这样小巧的手机上实现各种功能,就必须基于手机的物理特性和系统特性进行合理的规划。手机界面设计是个复杂的,由多种学科参与的工程,其中最重要的两点的就是产品本身的 UI 设计和用户体验设计,只有将这两者完美融合才能打造出优秀的手机界面。

7.1.2 手机界面设计类别

在设计手机界面的同时,要对手机的系统性能和软件类别进行详细分析,熟知每个模块的应用模式,最大限度地利用现有资源进行界面的开发。手机界面一般可分为如下两类。

1. 手机应用界面设计

手机应用界面是以第三方服务商提供的应用程序为主。手机应用种类繁多,它们既有独特的一面,也有共性的一面。例如某些应用软件虽然功能相似,但在设计与使用上会有所差异。

2. 手机操作系统界面

手机操作系统界面,一般指的是智能手机的操作系统。智能手机跟电脑一样,具有独立的操作系统,主要完成网络、流媒体等功能的实现,并可以通过通信网络实现无线上网。手机操作系统界面的设计需要从整体风格到细节图标和元素进行全面的把握,同时,还需要掌握一定的嵌入式技术知识。

主流的智能手机操作系统主要有:专用于 PDA 上的 Palm OS 操作系统;基于 Linux 平台的开源手机操作系统 Android;苹果 iPhone 的 iOS 系统;BlackBerry 黑莓系统;微软 Windows Mobile 操作系统等。

(1) iOS 系统

iOS 是由苹果公司为 iPhone、iPod touch 以及 iPad 等手持设备开发的操作系统,最新版本是 2014 年 6 月 3 日发布的 iOS 8。iOS 系统的操作界面极其美观,而且简单易用。系统中极具创新的 Multi-Touch 界面专为手指而设计,用户可以通过滑动、轻按、挤压以及旋转屏幕等方式进行人机交互操作。iOS 具有精致美观、简单易用的操作界面以及超强的系统稳定性。从内置 App 到 App Store 提供的 700000 多款 App,从进行 FaceTime 视频通话到用 iMovie 剪辑视频,用户所触及的一切,无不简单、直观、充满乐趣,iOS 系统界面如图 7-1 所示。

(2) Android 系统

Android 是由 Google 开发的基于 Linux 平台的开放源代码操作系统,它包括操作系统、用户界面和应用程序,主要适用于智能手机和平板电脑。Android 已发布的最新版本为 Android 5.0。Android 系统最大的优势就在于其开放性平台为第三方开发商提供了一个十分宽泛、自由的环境。丰富的软件资源也使得运行 Android 系统的设备数量最多,如三星、HTC、索爱和摩托罗拉等,如图 7-2 所示。

图 7-1　iOS 系统

图 7-2　Android 系统

(3) Windows Mobile 系统

Windows Mobile 是微软针对移动产品而开发的操作系统。Windows Mobile 较倾向于手机和个人电脑的融合,由于其沿用了微软 Windows 的操作界面,用户对之非常熟悉,能够很快上手。Windows Phone 具有桌面定制、图标拖曳、滑动控制等一系列前卫的操作体验,其主屏幕通过提供类似仪表盘的方式来显示电子邮件、短信、未接来电、日历约会等,让人们对重要信息保持时刻关注与更新,如图 7-3 所示。

7.1.3 手机界面设计的特征

手机界面最大的特点就是屏幕尺寸较小，能够支持的色彩也较为有限。受屏幕尺寸的限制，其界面元素的体量也不会太大。因此，无论是图标、文本、导航还是其他信息，都需要尽可能处理得简洁，避免在设计时出现不必要的麻烦，如因设计尺寸错误而导致不正常显示的情况。所以，手机界面设计的尺寸标准，如屏幕尺寸、分辨率等，都是事先必须要了解清楚的。

1. 屏幕尺寸

手机的屏幕尺寸是指其物理尺寸，物理尺寸是指屏幕对角线的尺寸，一般用英寸来表示。

图 7-3　Windows Mobile 系统

英寸(inch)，是英美制长度单位，1 英寸＝2.539999918 厘米。市场上主流智能手机的尺寸大约为 4～5.5 英寸之间不等。

2. 屏幕分辨率

分辨率是指屏幕显示的像素数量。分辨率的高低决定着图像的精密程度。由于屏幕上的点、线和面都是由像素组成，所以屏幕的分辨率越高，像素的数量就越多，感应到的图像就越精密。在屏幕尺寸相同的情况下，分辨率越高，画面效果就越好。如图 7-4 所示。

常用的分辨率单位有以下几种：

像素/英寸(PPI)：适用于屏幕显示。

点/英寸(DPI)：适用于打印机等输出设备。

线/英寸(LPI)：适用于印刷报纸所适用的网屏印刷技术。

分辨率为300　　　分辨率为50

图 7-4　屏幕分辨率

因为手机的屏幕和分辨率是根据机型来决定的，所以为了满足不同人群，手机的屏幕尺寸和分辨率的种类要比电脑种类多得多。常见的手机屏幕分辨率(PPI)有：960×640(iPhone 4)、1920×1080(小米 3、三星 GALAXY S4)、1334×750(iPhone 6)、1280×720(HTC One)、1280×768(诺基亚 Lumia 1020)等。如图 7-5～图 7-8 所示。

图 7-5　iPhone 手机系列

图 7-6　SAMSUNG 手机系列

图 7-7　HTC 手机系列　　　　　　　图 7-8　Nokia 手机系列

3. 屏幕密度

屏幕密度是以屏幕分辨率为基础,沿屏幕长宽方向排列的像素。在同样的宽高区域内,低密度的显示屏在长和宽的方向只有比较少的像素,而高密度的显示屏则能显示更多的像素。在其他条件不变的情况下,一组宽高固定的 UI 组件(比如一个按钮),在低密度的显示屏上会显得很大,而在高密度显示屏上看起来就很小。

为了简化制作过程,将屏幕尺寸归纳为四种:小、正常、大以及超大;屏幕密度分为低(idpi)、中(mdpi)、高(hdpi) 和特高(xhdpi) 四种。下图列出了 Android 平台支持的屏幕中一些较为常用的型号,并显示了系统是如何把它们分类到不同屏幕配置里的。有些屏幕分辨率并不在下面的列表上,但系统仍会将它们归入下列的某一个类型中,如图 7-9 所示。

	小屏 QVGA	正常屏 WQVGA	大屏 WVGA	超大屏
低密度(120 idpi)	240x320	240x400 240x432	480x800 400x854	1024x600
中密度(160 mdpi)		320x480	480x800 400x854 600x1024	1280x800 1204x768 1280x768
高密度(240 hdpi)	480x460	480x800 480x854		1536x1152 1920x1152 1920x1200
特高密度(320 xhdpi)		640x960		2048x1536 2560x1536 2560x1600

图 7-9　屏幕密度表

4. 屏幕色彩

手机的屏幕色彩指的就是色阶。色阶是表示屏幕亮度强弱的指数标准,也就是通常所说的色彩指数。手机的色彩指数从低到高可分为:最低单色,其次是 256 色(即 8 位色)、4096 色(即 12 位色)、65 536 色(即 16 位色)、26 万色(即 18 位色)、1600 万色(即 24 位色)。

7.1.4　手机界面设计的布局

良好的界面布局和简单易用的操作方式,有助于提高用户的操作体验,拉近人机之间的距离。本节将对 iPhone、Android 以及 Windows Phone 手机的界面布局进行对比,从而了解不同手机界面布局的差异。

1. iPhone 手机界面布局

iPhone 的界面布局一般分为四个部分:状态栏、导航栏、功能操作区和 Tab 栏,如图 7-10所示。

　　状态栏：用以展示设备和当前环境相关的重要信息。可以包含电池电量、信号强度、运营商名称、未处理事件以及时间等。当运行不同的程序时，状态栏会自动显示或隐藏，为用户创建更大的操作空间。

　　导航栏：用于导航层级结构中的信息，有序的管理屏幕中的信息。文本居中显示当前App的标题名称。左侧为返回按钮，右侧为当前App的设置按钮。

　　功能操作区：它是App软件的核心部分，也是版面上面积最大的部分，包含有操作列表、滚动条、控件、图标等很多不同的元素。

　　Tab栏：Tab栏在界面的最下方，用于切换视图、子任务和模式，并管理程序层面的信息。Tab栏的按钮一般不会超过5个，如果程序有更多的Tab栏，则只显示前4个，第5个位置显示为"更多"。

2．Android 手机界面布局

　　Android手机的界面布局一般分为三个部分：状态栏、标题栏、工具栏，如图7-11所示。

状态栏 →
导航栏 →

功能操作区 →

Tab栏 →

图 7-10　iPhone 界面布局

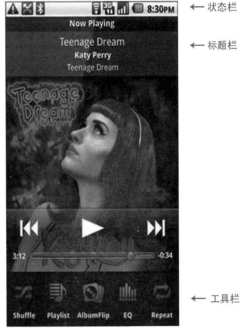

← 状态栏

← 标题栏

← 工具栏

图 7-11　Android 界面布局

　　状态栏：标示手机的运行状态和事件的区域，位于界面的最上方。按住状态栏往下拖曳，可以进行查看信息、通知、应用等操作。

　　标题栏：主要展示版本、名称以及相关的图文信息。

　　工具栏：工具栏中放置着一些与当前界面相关的操作按钮，用来操纵当前内容。

3．Windows Phone 界面布局

　　Windows Phone的界面布局一般分为四个部分：状态栏、标题栏、枢轴和工具栏四个部分，如图7-12所示。

　　状态栏：位于界面最上方，左侧显示信号强度，右侧显示时间、电池电量等。

　　标题栏：显示当前App的名称或应用程序。

　　枢轴：枢轴由枢轴控件组成，枢轴控件提供了一种快捷的方式来管理应用中的视图或页

面,其表现形式较为特别,可以通过划动或者平移手势来切换枢轴控件中的视图。

工具栏:工具栏中放置着一些与当前界面相关的功能按钮。

7.1.5　手机界面设计的规范

1. 界面元素一致性

手机界面元素要基于应用平台的整体风格进行设计。界面中的颜色、字体和图片等风格要保持一致。例如,当系统色调以棕色为主时,软件界面的色彩最好与之相吻合,若使用反差过大的色彩,比如绿色、黄色等强烈的对比色则会影响用户的使用情绪。

2. 完善的操作流程

界面的操作流程,要遵循一定的规范,让用户看一眼便能了解程序的具体用途,并且让用户知道在哪些地方能够找到特定的功能或信息。

可以通过以下几种方法让用户知道应用程序的目的,从而简化操作流程。

图 7-12　Windows Phone 界面布局

（右侧标注：状态栏、标题栏、枢轴、工具栏）

（1）尽量减少控件的数量,把任务和信息分割成一个个更简单、更易操作的内容,以此减少用户的思考时间。

（2）控件名称要清晰易懂,让用户明确知道当前的位置。适当使用转场的方式,来显示各个界面之间的关系,并在任务进程中提供清晰的反馈。

（3）提供精炼的描述,尽量使用较短的文字信息,并使用精美的图片来吸引用户的注意力。

（4）尽可能避免那些看上去样式类似,但操作上却千差万别的操作方式。

3. 视觉元素的规范性

界面中的图标要结合屏幕尺寸和系统风格进行合理设计。所有界面上同级、同类的图标应具备强烈的表意性,保证表现形式的统一,避免视觉上的紊乱。图标的制作应避免生硬的边缘轮廓,可通过渐变、羽化等效果塑造体积感和质感,加强图标的仿真性,使设计更加人性化。

界面中的色彩应与界面的总体色调相统一。可采用邻近色或同类色等方式进行色彩搭配,对操作区域和非操作区域要使用不同的颜色加以区分。尽量使用较少的颜色来表现丰富的图形图像,确保图像的清晰,方便用户进行识别。

界面中字体的选择应依据系统的类型来定,字体的大小要与界面的大小相协调。保证文字的可识别性并降低用户误操作的几率。

4. 界面效果的独创性

在保证界面的一致性和规范性的同时,个性化的界面效果可以为用户在操作过程中带来视觉新鲜感。独创性原则实质上是突出个性化特征的原则,它可以满足用户多元化的需求,使用户可以按照自己的爱好、习惯,定制出一个完全属于自己的手机界面。通过对界面的个性化设置,来降低用户的审美疲劳。界面效果的个性化包括以下两个方面。

（1）个性化的界面框架

根据用户的实际需求，界面的设计应结合软件的应用范畴，合理地进行布局，使用户能够方便快捷地进行操作。用户可以将自己常用的程序设置在一个界面中，并依照此办法设置多个手机界面，然后通过上下键进行界面的切换。例如，可以把微信、微博、阿里旺旺等聊天类工具设置到 A 界面，将日历、记事本、新闻快讯、财经等办公类工具设置到 B 界面，根据用户的需要随时进行切换。

（2）个性化的界面显示

手机界面的主题风格和图标样式，可根据用户的需要进行个性化设置。通过色彩的变换调节用户的心理，让用户对产品始终保持新鲜感。用户可以根据自己所处的环境，来预设不同主题的界面，达到与产品间的相互协调。比如，在工作场合，可将手机的主题界面设置为庄重的色调，来彰显商务气质。在休闲场合，又可以将主题更换为轻松时尚的色调。

7.2　手机界面设计实例

7.2.1　手机界面组件制作

1. 状态栏制作

（1）选择"文件"→"新建"命令，弹出"新建"对话框，对相关参数进行设置，单击"确定"按钮，如图 7-13 所示。

（2）选择"油漆桶工具"，设置前景色为灰色（R：116、G：116、B：116），填充画布，如图 7-14 所示。

图 7-13　新建文件　　　　　　　　　　　　　　图 7-14　填充颜色

（3）选择"椭圆工具"，颜色设置为白色，按住快捷键 Alt＋Shift 在画布上绘制一个同心圆，如图 7-15 所示。选择"移动工具"，按住 Alt 键对同心圆进行拖曳，复制出多个同心圆，如图 7-16 所示。

图 7-15　同心圆　　　　　　　　　　　　　　图 7-16　复制同心圆

（4）选择"椭圆工具"，颜色设置为白色，在画布上画一个同心圆，选中"从形状区域减去"选项，在大圆中间绘制一个小圆，得到如图 7-17 所示的效果。

图 7-17　减去形状

（5）打开"字符"面板设置文字参数，选择"文字工具"，在画布上输入相关文字，如图 7-18 所示。

图 7-18　文字信息

（6）使用快捷键 Ctrl＋R 打开标尺，在标尺两侧分别拖曳出水平和垂直两条参考线，选择"椭圆工具"，颜色设置为白色，使用快捷键 Alt＋Shift 在参考线交叉处绘制一个同心圆，如图 7-19 所示。选中"与形状区域相除"选项，对圆形进行相除处理，如图 7-20 所示。选中"与形状区域相加"选项，继续绘制同心圆，以此类推，得到如图 7-21 所示的效果。

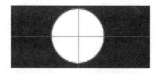
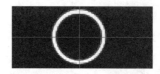

图 7-19　绘制图　　　　　图 7-20　相除处理　　　　　图 7-21　绘同心圆

（7）将该形状图层进行栅格化处理。选择"矩形选框工具"，在圆形形状上面绘制一个正方形选区，在菜单栏选择"选择"→"变换选区"命令，将正方形选区顺时针旋转至 45°，如图 7-22 所示。将选区的一角放置在圆心处，使用快捷键 Shift＋Ctrl＋I 进行反向选择，并删除选区外区域，如图 7-23 和图 7-24 所示。

图 7-22　变换选区　　　　　　　　　　图 7-23　移动选区

（8）打开"字符"面板设置文字参数，选择"文字工具"，在画布上输入相关文字，如图 7-25 所示。

（9）选择"圆角矩形工具"，圆角半径值设置为 4px，设置颜色为白色，在画布上画一个圆角矩形，如图 7-26 所示。

（10）选择图层样式"描边"，并设置相关参数，并将圆角矩形的填充值设置为 0%，得到如图 7-27 所示的效果。

图 7-24 反向选择并删除选区

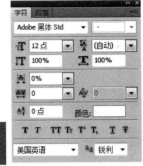

图 7-25 文字信息

图 7-26 圆角矩形

（11）选择"圆角矩形工具"，圆角半径值设置为 4px，颜色设置为红色（R：230、G：32、B：0），在画布上画一个圆角矩形，并放置在镂空矩形下面，如图 7-28 所示。

（12）再次使用"圆角矩形工具"，完善电池外部造型，并调整全部图形尺寸和位置，最终效果如图 7-29 所示。

2. 导航栏制作

（1）选择"文件"→"新建"命令，弹出"新建"对话框，对相关参数进行设置，单击"确定"按钮，如图 7-30 所示。

图 7-28 红色圆角矩形

图 7-29 状态栏完成效果

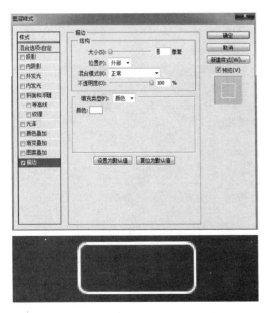

图 7-27 参数设置

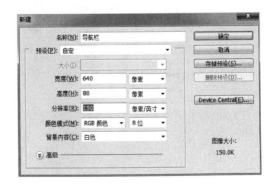

图 7-30 新建文件

（2）选择"渐变工具"，渐变样式为"线性渐变"，渐变颜色为深蓝色（R:88、G:115、B:150）到蓝色（R:190、G:205、B:220），在画布上由上至下画一条渐变线，如图7-31所示。

（3）选择"直线工具"，设置粗细值为2px，颜色设置为深蓝色（R:65、G:90、B:130），在画布最下方绘制与画布等宽的直线，如图7-32所示。使用同样的方法在画布上方绘制一条白色的直线，并将填充值更改为30%，如图7-33所示。

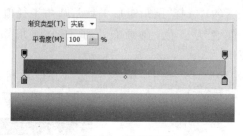

图7-31　线性渐变

图7-32　蓝色直线

图7-33　白色直线

（4）选择"圆角矩形工具"，圆角半径值设置为10px，在画布左侧画一个任意颜色的圆角矩形，如图7-34所示。选择"直接选择工具"，调整圆角矩形的路径，并将形状调整至图7-35所示的效果。

图7-34　圆角矩形

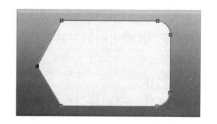

图7-35　调整形状

（5）选择图层样式"投影"、"内阴影"、"渐变叠加"、"描边"，并设置相关参数，如图7-36所示。

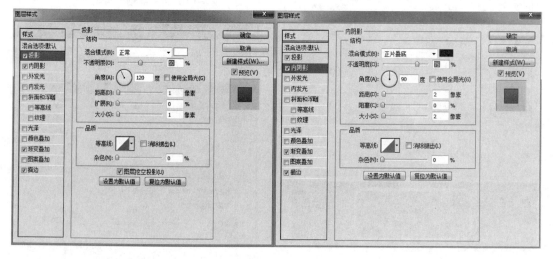

图7-36　参数设置

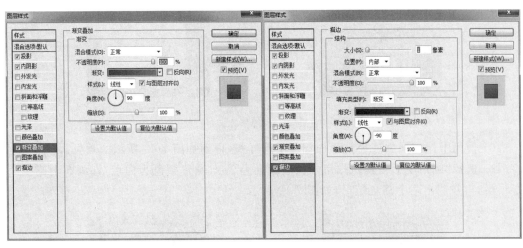

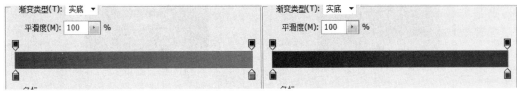

图 7-36　（续）

（6）得到如图 7-37 所示的效果。

（7）打开"字符"面板设置文字参数，选择"文字工具"，在画布上
输入相关文字。选择图层样式"阴影"，并设置相关参数，如图 7-38
所示。

（8）得到如图 7-39 所示的效果。

图 7-37　效果

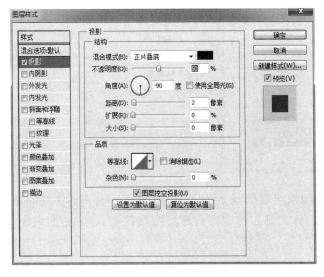

图 7-38　参数设置

（9）选择"圆角矩形工具"，圆角半径值设置为 10px，在画布右侧画一个任意颜色的圆角
矩形，如图 7-40 所示。

图 7-39　效果

图 7-40　圆角矩形

（10）使用上述相同方法为其添加相应图层样式，得到如图 7-41 所示的效果。

（11）选择"圆角矩形工具"，圆角半径值设置为 2px，设置颜色为白色，在画布上画一个圆角矩形后，再复制出两个圆角矩形，如图 7-42 所示。

图 7-41　效果

图 7-42　圆角矩形

（12）选择"文字工具"、"图层样式"完成余下信息，制作方法同上，最终效果如图 7-43 所示。

3. 工具栏制作

（1）选择"文件"→"新建"命令，弹出"新建"对话框，对相关参数进行设置，单击"确定"按钮，如图 7-44 所示。

图 7-43　导航栏完成效果

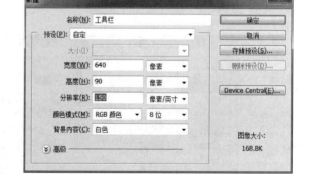

图 7-44　新建文件

（2）选择"圆角矩形工具"，圆角半径值设置为 4px，在画布上画一个任意颜色的圆角矩形，如图 7-45 所示。选择"直接选择工具"，选中圆角矩形两端的描点，并适当调整，如图 7-46 所示。

图 7-45　圆角矩形

图 7-46　调整描点

（3）选择图层样式"渐变叠加"，并设置相关参数，如图7-47所示。

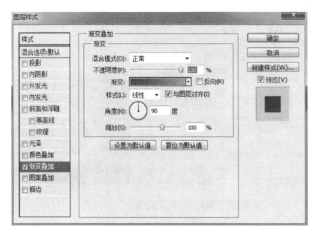

图7-47 参数设置

（4）得到如图7-48所示的效果。

图7-48 效果

（5）选择"直线工具"，设置粗细值为2px，颜色设置为灰蓝色（R：95、G：115、B：140），在画布最上方绘制与画布等宽的直线，如图7-49所示。使用同样的方法在画布上方再绘制一条白色的直线，并将填充值更改为30％，如图7-50所示。

图7-49 蓝色直线   图7-50 白色直线

（6）选择"椭圆工具"，设置颜色为白色，在画布上画一个同心圆，如图7-51所示。选中"与形状区域相除"选项，对圆形进行相除处理，如图7-52所示。选择"矩形工具"，选中"与形状区域相减"选项，对圆形进行相减处理，如图7-53所示。

图7-51 效果   图7-52 效果   图7-53 效果

（7）选择"钢笔工具"，在缺口上方绘制一个三角形，如图7-54所示。

（8）选择图层样式"投影"，并设置相关参数，得到如图7-55所示的效果。

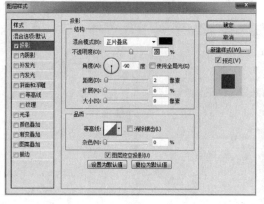

图 7-54 效果   图 7-55 参数设置及效果

（9）选择"圆角矩形工具"，圆角半径值设置为 2px，在画布上画一个白色的圆角矩形，如图 7-56 所示。选择"矩形工具"，选中"与形状区域相减"选项，对圆角矩形做相减处理，如图 7-57 所示。选择"钢笔工具"，选中"与形状区域相减"选项，在矩形中减出头像形状，如图 7-58 所示。

图 7-56 效果   图 7-57 效果   图 7-58 效果

（10）使用同样方法，在形状右下角绘制形状，并添加"投影"样式，得到如图 7-59 所示的效果。

（11）使用相同方法完成其他按钮的制作，最终效果如图 7-60 所示。

图 7-59 效果   图 7-60 工具栏完成效果

4. Tab 栏制作

（1）选择"文件"→"新建"命令，弹出"新建"对话框，对相关参数进行设置，单击"确定"按钮，如图 7-61 所示。

（2）选择"渐变工具"，渐变样式为"线性渐变"，渐变颜色设置为黑色到深灰（R：66、G：66、B、66），在画布上由上至下画一条渐变线，如图 7-62 所示。

图 7-61 新建文件

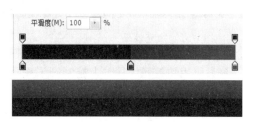

图 7-62 线性渐变

（3）选择"直线工具"，设置粗细值为 2px，颜色设置为白色，在画布最上方绘制与画布等宽的直线，如图 7-63 所示。使用同样的方法在画布上方绘制一条浅一点的直线，如图 7-64 所示。

图 7-63 绘制直线

图 7-64 浅色直线

（4）选择"圆角矩形工具"，圆角半径值设置为 4px，在画布上画一个白色的圆角矩形，如图 7-65 所示。

（5）选择图层样式"内阴影"，并设置相关参数，如图 7-66 所示。

图 7-65 白色圆角矩形

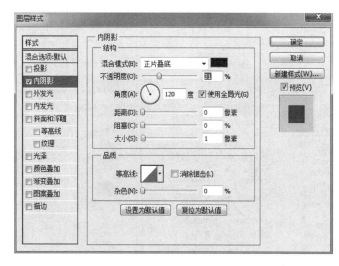

图 7-66 参数设置

（6）修改圆角矩形的"填充值"为 15％，得到如图 7-67 所示的效果。

（7）选择"椭圆工具"，在画布上画一个圆，如图 7-68 所示。选中"与形状区域相除"选项，对圆形做相除处理画出一个同心圆，如图 7-69 所示。选择"矩形工具"，选中"与形状区域相加"选项，在圆形内部画一个十字，如图 7-70 所示。

图 7-67　填充效果

图 7-68　画圆

图 7-69　同心圆

（8）使用快捷键 Ctrl＋J 复制圆形图层。使用快捷键 Ctrl＋T 对其进行适当旋转后，合并图层，得到如图 7-71 所示的效果。

（9）选择"钢笔工具"绘制其他形状，如图 7-72 所示。

图 7-70　十字形状

图 7-71　合并后效果

图 7-72　其他形状

（10）选择图层样式"投影"、"渐变叠加"、"描边"，并设置相关参数，如图 7-73 所示。

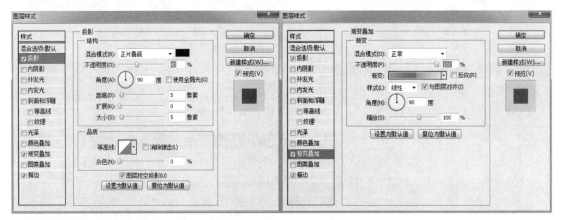

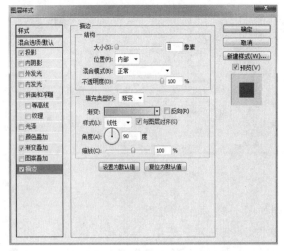

图 7-73　参数设置

（11）得到如图 7-74 所示的效果。

（12）使用相同方法完成其他内容的制作，得到最终效果如图 7-75 所示。

图 7-74　调整后效果　　　　　　　　　　　　图 7-75　Tab 栏完成效果

7.2.2　手机锁屏界面制作

本节以 iPhone 手机为例，对外观和屏幕等方面进行制作，如图 7-76 所示。

（1）选择"文件"→"新建"命令，弹出"新建"对话框，对相关参数进行设置，单击"确定"按钮，如图 7-77 所示。

 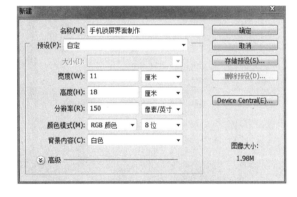

图 7-76　iPhone 手机机身与锁屏界面　　　　　　图 7-77　新建文件

（2）选择"圆角矩形工具"，圆角半径值设置为 80px，颜色设置为蓝色（R：69、G：168、B：221），在画布上画一个圆角矩形，如图 7-78 所示。

（3）复制"形状 1"图层，使用快捷键 Ctrl＋T 将"形状 1 副本"缩放至合适尺寸，并将颜色更改为黑色，如图 7-79 所示。

（4）为"形状 1 副本"添加图层样式中的"投影"、"外发光"、"内发光"、"描边"，并设置相关参数，如图 7-80 所示。

（5）得到如图 7-81 所示的效果。

（6）选择"钢笔工具"，颜色设置为白色，在画布左侧绘制机身侧面的高光，如图 7-82 所示。

（7）选择"圆角矩形工具"，圆角半径值设置为 5px，颜色设置为湖蓝色（R：45、G：164、B：229），在画布上画一个圆角矩形，选中"从形状区域减去"选项，对圆角矩形做减去处理，得到如图 7-83 所示的效果。

图 7-78　圆角矩形

图 7-79　黑色圆角矩形

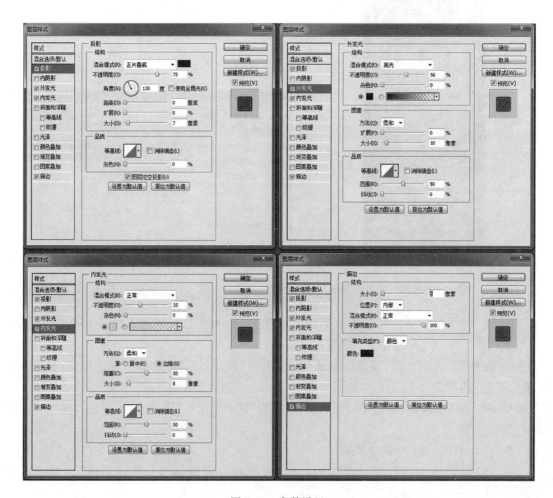

图 7-80　参数设置

（8）选择图层样式"内阴影"、"内发光"、"斜面和浮雕"、"渐变叠加"，并设置相关参数，如图 7-84 所示。

图 7-81 效果

图 7-82 对圆角矩形减去处理

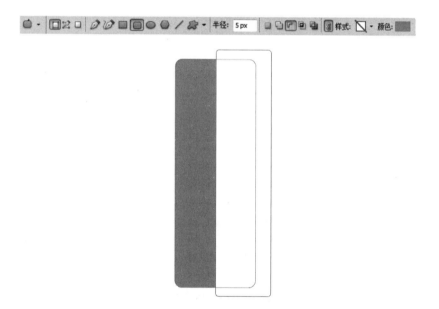

图 7-83 对圆角矩形做减去处理

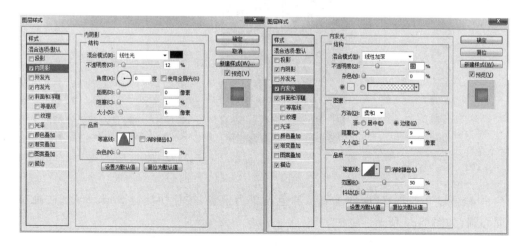

图 7-84 参数设置

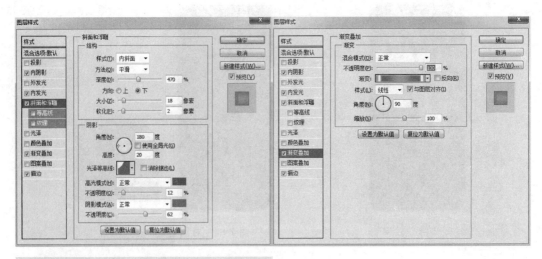

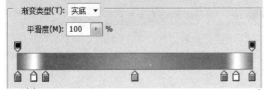

图 7-84 （续）

（9）得到如图 7-85 所示的效果。

（10）使用快捷键 Ctrl＋J 复制多个圆角矩形，并使用快捷键 Ctrl＋T 自由变换分别对其进行适当的调整，并放置合适的位置，如图 7-86 所示。

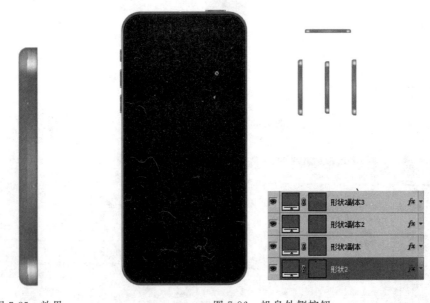

图 7-85 效果　　　　　　　　图 7-86 机身外侧按钮

（11）绘制镜头。选择"椭圆工具"，颜色设置为黑色，按住快捷键 Shift＋Alt 在画布上画一个同心圆，如图 7-87 所示。

（12）选择图层样式"内阴影"、"渐变叠加"、"描边"，并设置相关参数，如图 7-88 所示。

图 7-87　同心圆

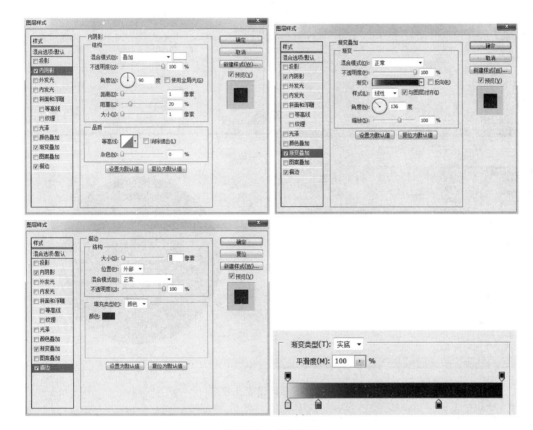

图 7-88　参数设置

（13）得到如图 7-89 所示的效果。

（14）复制椭圆图层，使用快捷键 Ctrl＋T 自由变换对其进行等比缩放至合适尺寸，并将颜色更改为蓝色（R：24、G：46、B：123），如图 7-90 所示。

图 7-89　效果

图 7-90　蓝色同心圆

（15）选择图层样式"内阴影"、"内发光"、"描边"，并设置相关参数，得到如图 7-91 所示的效果。

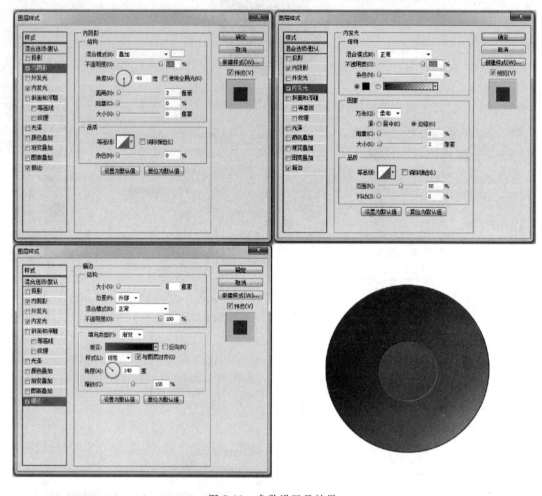

图 7-91　参数设置及效果

（16）选择"圆角矩形工具"，圆角半径值设置为 50px，颜色设置为浅蓝色（R:108、G:132、B:194），在蓝色圆形上绘制多个圆角矩形，为镜头添加高光效果，效果如图 7-92 所示。

（17）绘制听筒。选择"圆角矩形工具"，圆角半径值设置为 80px，颜色设置为深灰色（R:41、G:41、B:41），在画布上画一个圆角矩形，如图 7-93 所示。

图 7-92　镜头完成图　　　　　　　　　　　　图 7-93　圆角矩形

（18）选择图层样式"投影"、"渐变叠加"，并设置相关参数，得到如图7-94所示的效果。

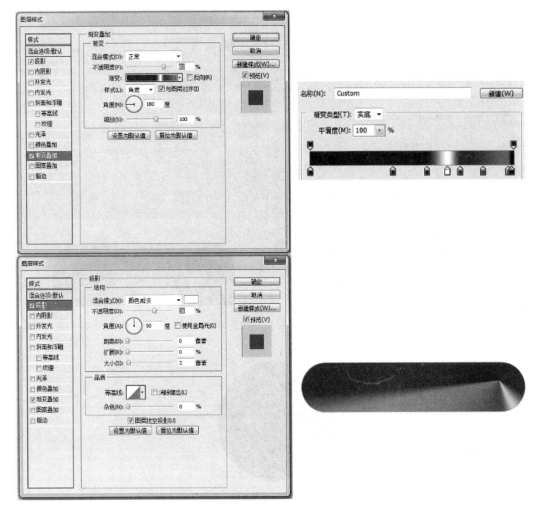

图7-94 参数设置及效果

（19）使用快捷键Ctrl+J复制圆角矩形，使用快捷键Ctrl+T自由变换对其等比缩放至合适尺寸，如图7-95所示。

图7-95 复制并调整圆角矩形

（20）选择图层样式"投影"、"内阴影"，并设置相关参数，得到如图7-96所示的效果。

（21）绘制Home键。选择"椭圆工具"，颜色设置为黑色，在画布上画一个同心圆，如图7-97所示。

（22）选择图层样式"渐变叠加"、"描边"，并设置相关参数，如图7-98所示。

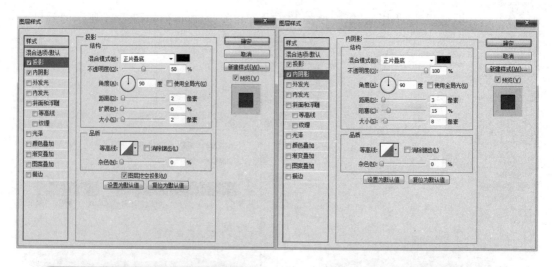

图 7-96　听筒完成效果

图 7-97　同心圆

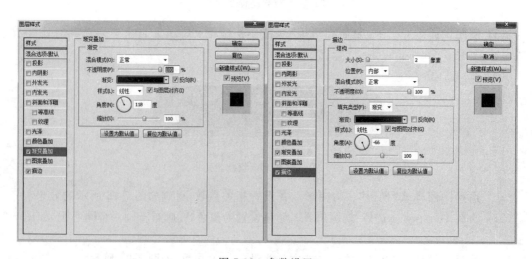

图 7-98　参数设置

（23）得到如图 7-99 所示的效果。

（24）使用快捷键 Ctrl＋J 复制椭圆图层，得到"形状 8 副本"图层，选中"交叉形状区域"选项，对其进行裁切，如图 7-100 所示。

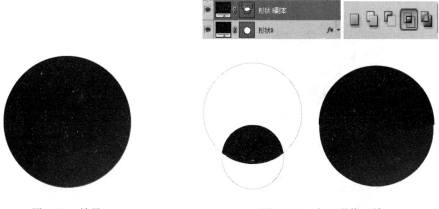

图 7-99　效果　　　　　　　　　　　图 7-100　交叉形状区域

（25）选择"圆角矩形工具"，圆角半径值设置为 40px，颜色设置为黑色，在画布上画一个圆角矩形，并将填充值设置为 0％，如图 7-101 所示。

图 7-101　圆角矩形

（26）选择图层样式"描边"，并设置相关参数，效果如图 7-102 所示。

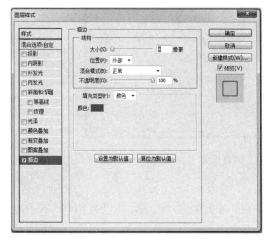

图 7-102　参数设置及效果

（27）将手机镜头、听筒、侧方按键以及 Home 键，进行适当调整，得到机身完成效果，如图 7-103 所示。

（28）导入一张图片素材，使用快捷键 Ctrl＋T 自由变换对其进行适当缩放，如图 7-104 所示。

图 7-103　机身完成效果　　　　　　　图 7-104　导入素材

（29）选择图层样式"描边"，并设置相关参数，如图 7-105 所示。

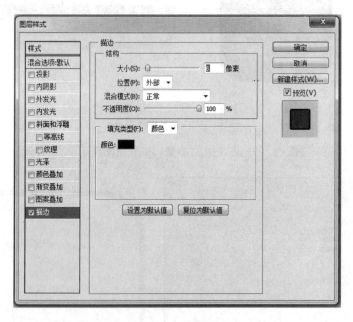

图 7-105　参数设置

（30）得到如图 7-106 所示的效果。

（31）选择"矩形工具"，设置颜色为黑色，在画布上画一个矩形，并设置图层"不透明度"为 50％，如图 7-107 所示。

图 7-106　效果

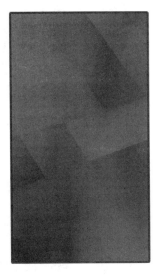

图 7-107　效果

（32）添加状态栏相关信息，具体制作方法详见 7.2 节状态栏制作，效果如图 7-108 所示。

（33）选择"文字工具"，颜色填充为白色，在画布上输入相关文字，如图 7-109 所示。

图 7-108　状态栏

图 7-109　添加文字

（34）继续选择"文字工具"，颜色设置为白色，在画面下方输入相关文字，如图 7-110 所示。

（35）选中文字图层，为其添加"图层蒙板"，蒙版渐变样式为"线性渐变"，颜色设置为黑色到白色，在画布上由左至右画一条渐变线，如图 7-111 所示。

图 7-110　添加文字

图 7-111　蒙版效果

（36）选择"直线工具"，设置粗细值为 2px，颜色设置为白色，在文字左侧绘制两条直线，并适当调整角度，如图 7-112 所示。

（37）选择"圆角矩形工具"，圆角半径值设置为 2px，颜色设置为白色，在画布上画一个圆角矩形，如图 7-113 所示。

（38）选择"钢笔工具"，绘制模式设置为"形状"，选中"添加到形状区域"选项，绘制出相机的顶部，如图 7-114 所示。

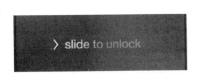

图 7-112　直线

图 7-113   圆角矩形

图 7-114   相机顶部

（39）选择"椭圆工具"，按住 Alt 键，在相机中挖出两个圆孔，如图 7-115 所示。

（40）分别使用"椭圆工具"和"矩形工具"绘制相机其他部分，得到如图 7-116 所示的效果。

图 7-115   圆孔

图 7-116   相机完成

（41）使用"文字工具"和"形状工具"，完成其他部分制作，最终完成效果如图 7-117 所示。

7.2.3   手机播放界面制作

本节介绍用 Photoshop 软件制作手机播放器界面，最终效果图如图 7-118 所示。

图 7-117   锁屏界面完成图

图 7-118   音乐播放器界面最终效果图

（1）选择"文件"→"新建"命令，弹出"新建"对话框，对相关参数进行设置，单击"确定"按钮，如图 7-119 所示。

（2）导入一张渐变素材，在菜单栏选择"图像"→"调整"→"色相/饱和度"命令，对其进行色彩调整，如图 7-120 所示。

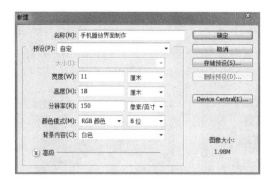

图 7-119　新建文件　　　　　　　　　　图 7-120　色相/饱和度

（3）选择"矩形工具"，颜色设置为黑色，在画布下方画一个矩形，并将不透明度调至 30％，如图 7-121 所示。

（4）选择"矩形工具"，颜色设置为白色，在画布上画一个矩形，将不透明度调至 15％，如图 7-122 所示。再次使用"矩形工具"绘制矩形，并将不透明度调至 5％，如图 7-123 所示。

图 7-122　15％透明

图 7-121　矩形　　　　　　　　　　图 7-123　5％透明

（5）选择"椭圆工具"，颜色设置与背景同色，在画布上画一个同心圆，如图 7-124 所示。

（6）选择"钢笔工具"、"矩形工具"、"自定义形状工具"等绘制播放功能键，颜色统一设置为白色，如图 7-125 所示。

图 7-124　同心圆　　　　　　　　　　图 7-125　功能键

（7）导入一张 CD 封面素材，使用快捷键 Ctrl＋T 自由变换对其进行调整，如图 7-126 所示。选择"圆角矩形工具"，圆角半径值设置为 40px，绘制模式设置为"路径"，在图片中心画一个圆角矩形。选择路径面板，单击"将路径作为选区加载"，将路径变换成选区，如图 7-127 所示。使用快捷键 Shift＋Alt＋I 对选区进行反选，并删除选区外内容，如图 7-128 所示。

图 7-126　自由变换　　　　　图 7-127　圆角选区　　　　　图 7-128　删除选区

（8）选择"文字工具"和"形状工具"，进行文字和形状的添加，最终效果如图 7-129 所示。

7.2.4　手机功能界面制作

本节介绍用 Photoshop 软件制作手机功能界面，最终效果如图 7-130 所示。

图 7-129　音乐播放器界面完成图　　　　图 7-130　手机功能界面最终效果图

（1）选择"文件"→"新建"命令，弹出"新建"对话框，对相关参数进行设置，单击"确定"按钮，如图 7-131 所示。

（2）导入一张背景素材，选择"矩形工具"，颜色设置为淡紫色（R：189、G：156、B：199），在画布上画一个矩形，设置填充值为 25%，混色模式设置为颜色减淡，如图 7-132 所示。

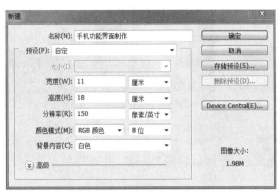

图 7-131　新建文件　　　　　　　　　图 7-132　矩形

（3）选择"圆角矩形工具"，圆角半径值设置为 20px，颜色设置为蓝色（R：75、G：162、B：219），在画布上绘制一个圆角矩形，如图 7-133 所示。

（4）选择"圆角矩形工具"，圆角半径值设置为 8px，颜色设置为白色，在蓝色圆角矩形上再绘制一个圆角矩形，如图 7-134 所示。

图 7-133　圆角矩形　　　　　　　　　图 7-134　白色圆角矩形

（5）选择图层样式"投影"、"斜面和浮雕"，并设置相关参数，如图 7-135 所示。

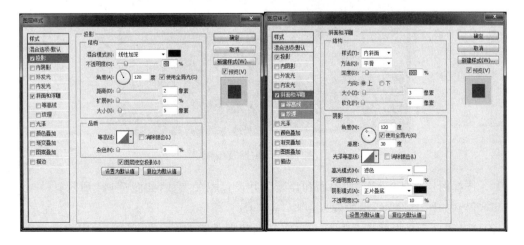

图 7-135　参数设置

（6）选择"钢笔工具"，颜色设置为灰色，在白色圆角矩形上绘制一个三角形，如图 7-136 所示。右击"形状 3"图层，在弹出的菜单中选择"创建剪贴蒙版"，如图 7-137 所示。

图 7-136　绘制三角形

图 7-137　剪贴蒙版

（7）选择"钢笔工具"，颜色设置为深灰色，绘制信封的另一角，并添加相关文字，完成效果如图 7-138 所示。

（8）选择"圆角矩形工具"，圆角半径值设置为 20px，颜色设置为桃红色（R：235、G：100、B：100），在画布上绘制一个圆角矩形，如图 7-139 所示。

图 7-138　图标完成

图 7-139　圆角矩形

（9）选择"矩形工具"，颜色设置为白色，在画布上画一个矩形。右击"形状 6"图层，在弹出的菜单中选择"创建剪贴蒙版"，将白色矩形放入圆角矩形内，如图 7-140 所示。

图 7-140　剪贴蒙版

（10）选择图层样式"投影"、"斜面和浮雕"，并设置相关参数，如图 7-141 所示。

（11）得到如图 7-142 所示的效果。

（12）选择"自定义形状工具"，打开自定义形状属性窗口的下拉菜单，单击右上角的三角形图标，在弹出的菜单中，选择全部，并追加形状，如图 7-143 所示。

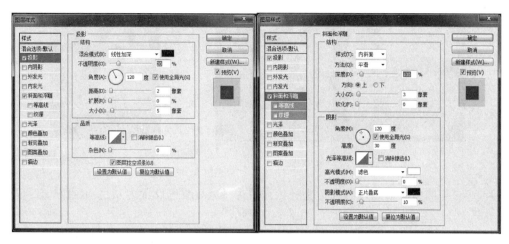

图 7-141 参数设置

图 7-142 效果

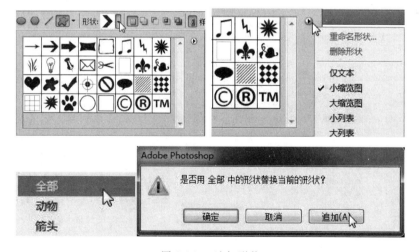

图 7-143 追加形状

（13）选择"箭头"形状，颜色设置为黑色，在画布上绘制一个箭头，并复制多个"箭头"形状，得到如图 7-144 所示的效果。

（14）选择"矩形工具"、"钢笔工具"和"文字工具"，完成余下内容，最终效果如图 7-145 所示。

图 7-144　箭头形状　　　　　　　　　　图 7-145　图标完成

（15）选择"圆角矩形工具"，圆角半径值设置为 20px，颜色设置为灰色（R：173、G：173、B：173），在画布上绘制一个圆角矩形，如图 7-146 所示。

（16）选择"椭圆工具"，颜色设置为白色，使用快捷键 Shift＋Alt 在画布上绘制一个同心圆，如图 7-147 所示。

图 7-146　圆角矩形　　　　　　　　　　图 7-147　同心圆

（17）选择图层样式"投影"、"斜面和浮雕"，并设置相关参数，如图 7-148 所示。

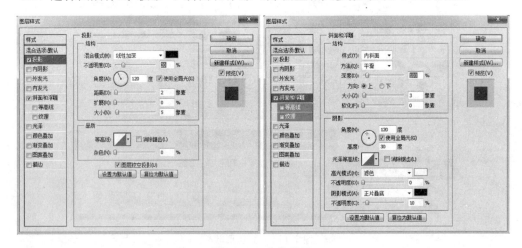

图 7-148　参数设置

（18）得到图 7-149 所示的效果。

（19）选择"椭圆工具"，使用快捷键 Shift＋Alt 依次绘制三个同心圆，颜色分别为深灰色（R：79、G：79、B：79）、深蓝色（R：39、G：37、B：81）、蓝色（R：60、G：59、B：149），并调整尺寸，如图 7-150 所示。

图 7-149 效果

图 7-150 同心圆

（20）选择"移动工具"，按住 Alt 键复制最小的一个同心圆，并将颜色更改为白色，透明度设置为 50％，调整至合适大小，放置到镜头高光位置，并添加相应文字，完成效果如图 7-151 所示。

（21）选择"圆角矩形工具"，圆角半径值设置为 20px，颜色设置为灰色（R：173、G：173、B：173），在画布上绘制一个圆角矩形，如图 7-152 所示。

图 7-151 图标完成

图 7-152 圆角矩形

（22）选择图层样式"渐变叠加"，并设置相关参数，如图 7-153 所示。

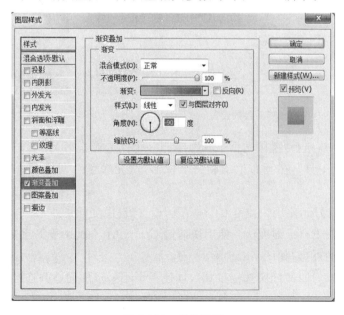

图 7-153 参数设置

（23）得到如图 7-154 所示的效果。

（24）选择"椭圆工具"，颜色设置为黑色，在圆角矩形的中心绘制一个同心圆。如图 7-155 所示。

图 7-154　效果

图 7-155　同心圆

（25）选择图层样式"渐变叠加"，并设置相关参数，如图 7-156 所示。

（26）得到如图 7-157 所示的效果。

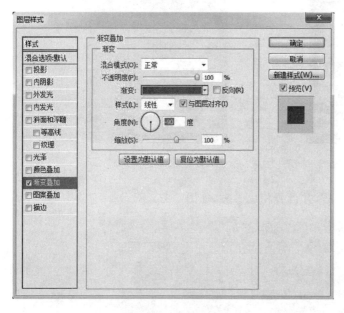

图 7-156　参数设置

图 7-157　效果

（27）新建图层 1，选择"椭圆选框工具"，绘制一个同心圆选区，并填充为黑色。新建图层 2，选择"多边形套索工具"，在画布上绘制一个梯形，填充颜色后调整至适当位置，如图 7-158 所示。

（28）选中黑色梯形，使用快捷键 Ctrl＋Alt＋T 将自由变换的中心点放置在圆心位置上，将其顺时针旋转并按 Enter 键确认。使用快捷键 Ctrl＋Alt＋Shift＋T 重复上一步动作，这样就得到了一个齿轮的外型，如图 7-159 所示。

（29）新建图层 3，选择"椭圆选框工具"，创建一个小一点的同心圆选区，并填充为灰色，如图 7-160 所示。

图 7-158　绘制梯形并填充颜色　　　　图 7-159　自由变换并复制

（30）新建图层 4，选择"矩形选框工具"，创建一个长方形选区，并填充为白色，如图 7-161 所示。

（31）选中白色矩形，使用快捷键 Ctrl＋Alt＋T 将自由变换的中心点放置在圆心位置上，将其顺时或逆时针旋转至合适位置并按 Enter 键确认。使用快捷键 Ctrl＋Alt＋Shift＋T 重复上一步动作，并合并图层，如图 7-162 所示。

图 7-160　同心圆　　　图 7-161　矩形选区　　　　图 7-162　自由变换并复制

（32）使用快捷键 Ctrl＋T 将白色矩形旋转至合适角度。按住 Ctrl 键单击白色矩形图层的"图层缩略图"以调出其选区，选中图层 3，单击删除并隐藏图层 4，如图 7-163 所示。

（33）按住 Ctrl 键，单击"图层 3"的"图层缩览图"以调出其选区，在菜单栏选择"选择"→"修改"→"平滑"命令，设置半径值为 10px。使用快捷键 Ctrl＋Shift＋I 反相选择后删除选区外的图形，如图 7-164 所示。

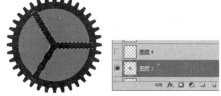

图 7-163　删除选区

（34）再次加载图层 3 选区，在黑色齿轮图层上删除并隐藏图层 3，这样就得到一个镂空齿轮，如图 7-165 所示。

图 7-164　反向选择并删除　　　　图 7-165　镂空齿轮

（35）选择图层样式"渐变叠加"，并设置相关参数，如图 7-166 所示。

（36）得到如图 7-167 所示的效果。

（37）复制齿轮，将复制后的齿轮等比缩放至合适大小，并将透明度调至80%，效果如图 7-168 所示。

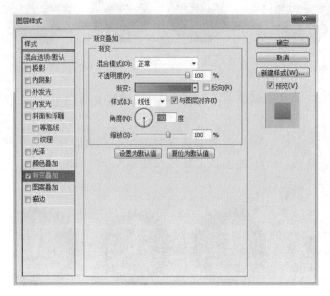

图 7-167　齿轮效果

图 7-166　参数设置

图 7-168　图标完成

（38）使用相同方法制作出其他图标，最终完成效果如图 7-169 所示。

7.2.5　手机天气界面制作

本节用 Photoshop 制作手机天气界面，最终效果图如图 7-170 所示。

图 7-169　功能界面完成图

图 7-170　天气界面最终效果图

（1）选择"文件"→"新建"命令，弹出"新建"对话框，对相关参数进行设置，单击"确定"按钮，如图 7-171 所示。

（2）选择"渐变工具"，渐变样式为线性渐变，颜色设置为蓝色（R：50、G：181、B：235）到深蓝（R：17、G：51、B：88），在画布上由上至下画一条渐变线，如图 7-172 所示。

（3）选择"矩形工具"，颜色设置为蓝色（R：14、G：63、B：97），在画布上绘制一个矩形，如图 7-173 所示。

（4）使用"圆角矩形工具"、"自定形状工具"、"文字工具"，在蓝色矩形上添加相关功能图标，如图 7-174 所示。

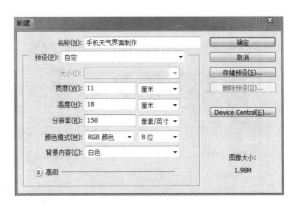

图 7-171　新建文件

图 7-172　线性渐变

图 7-173　矩形

（5）新建图层，选择"椭圆选框工具"，在画布上画一个圆形选区，填充颜色为黄色（R：255、G：192、B：0），如图 7-175 所示。

图 7-174　功能图标

图 7-175　圆形

（6）选择"渐变工具"，渐变样式为"径向渐变"，颜色为黄色（R：255、G：245、B：50）到橙色（R：255、G：168、B：12），在选区内由左至右画一条渐变线，如图 7-176 所示。

（7）得到如图 7-177 所示的效果。

（8）使用加深、减淡工具绘制出太阳的明暗以及高光，如图 7-178 所示。

图 7-176 径向渐变

图 7-177 效果

图 7-178 修饰后效果

（9）选择图层样式"内发光"，并设置相关参数，得到如图 7-179 所示的效果。

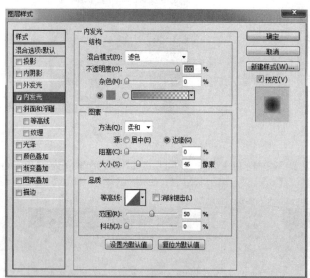

图 7-179 参数设置及效果

（10）新建图层，将其移到太阳图层的下面，选择"椭圆选框工具"，设置羽化值为 50px，在画布上画一个同心圆选区，并填充为黄色，如图 7-180 所示。

（11）新建图层，设置前景色和背景色为黑色和白色，在菜单栏选择"滤镜"→"渲染"→"云彩"命令。将云彩图层放置到太阳图层上面，右击"创建剪贴蒙板"，并将混色模式设置为"叠加"，如图 7-181 所示。

图 7-180 填充颜色

（12）得到如图 7-182 所示的效果。

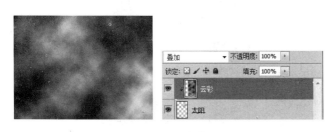

图 7-181 剪贴蒙版

图 7-182 效果

（13）新建图层，选择"椭圆选框工具"，在画布上画一个椭圆选区。选择"渐变工具"，渐变样式为"线性渐变"，颜色设置为白色到透明，在选区内由上至下画一条渐变线，如图 7-183 所示。

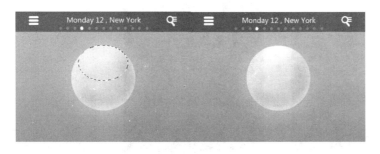

图 7-183 线性渐变

（14）新建图层，选择"矩形选框工具"，按住 Shift 键，在画布上画一个正方形选区。选择"渐变工具"，渐变样式为"线性渐变"，颜色为黑色到白色，在选区内由下至上画一条渐变线，如图 7-184 所示。

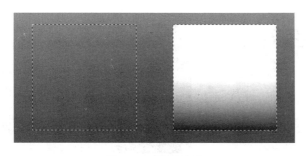

图 7-184 线性渐变

（15）在菜单栏选择"滤镜"→"扭曲"→"波浪"命令，设置相关参数并确定。继续在菜单栏选择"滤镜"→"扭曲"→"极坐标"命令，设置相关参数并确定，如图 7-185 所示。

（16）得到如图 7-186 所示的效果。

（17）添加"图层蒙板"，选择"渐变工具"，渐变样式为"径向渐变"，在蒙板中画一条渐变线，如图 7-187 所示。

（18）得到如图 7-188 所示的效果。

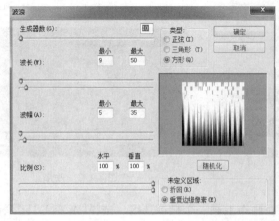

图 7-185　参数设置

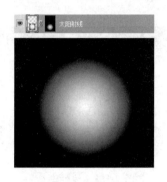

图 7-186　效果　　　　　　图 7-187　径向渐变　　　　图 7-188　太阳射线效果

（19）将其放置到"太阳图层"下面，并调整至适合尺寸，效果如图 7-189 所示。

（20）为了使太阳的光线效果更加明显，可以重复上述第 14 步的步骤，将渐变的颜色设置为白色到透明，并添加"图层蒙板"和"径向渐变"，得到如图 7-190 所示的效果。

图 7-189　合并效果　　　　　　　　图 7-190　太阳光线

（21）选择图层样式"外发光"、"颜色叠加"，并设置相关参数，如图 7-191 所示。

（22）得到如图 7-192 所示的效果。

（23）添加相关文字信息，得到如图 7-193 所示的效果。

（24）选择"圆角矩形工具"，圆角半径值设置为 10px，颜色设置为蓝色，在画布上画一个圆角矩形，如图 7-194 所示。

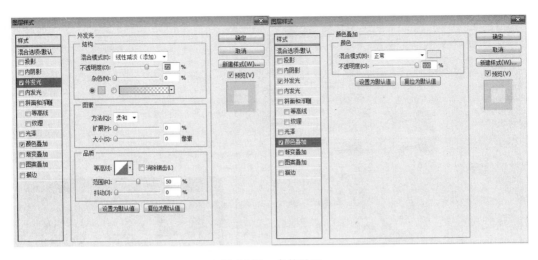

图 7-191　参数设置

图 7-192　效果　　　　　　　　图 7-193　添加文字　　　　　　　　图 7-194　圆角矩形

（25）选择图层样式"渐变叠加"，并设置相关参数，得到如图 7-195 所示的效果。

（26）选择"直线工具"，设置粗细值为 1px，颜色设置为白色，在画布上添加两条直线，如图 7-196 所示。

（27）最后，可添加适合的背景素材和其他天气信息进行完善，最终效果如图 7-197 所示。

7.2.6　手机短信界面制作

本节用 Photoshop 制作手机短信界面，最终效果图如图 7-198 所示。

（1）选择"文件"→"新建"命令，弹出"新建"对话框，对相关参数进行设置，单击"确定"按钮，如图 7-199 所示。

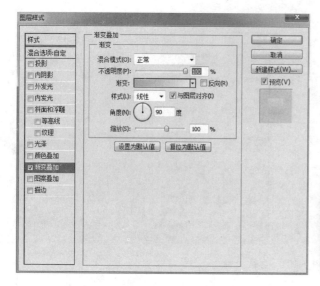

图 7-195　参数设置及效果

图 7-196　添加直线

图 7-197　天气界面完成图

图 7-198　短信界面最终效果图

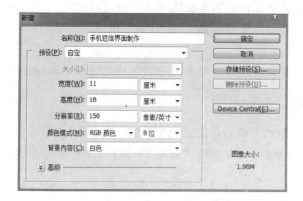

图 7-199　新建文件

（2）新建图层，选择"矩形选框工具"，在画布上画一个矩形选区，并填充颜色为灰色（R：245、G：245、B：245），如图7-200所示。

（3）在菜单栏选择"编辑"→"描边"命令，设置描边值为1px，描边颜色为深灰色（R：150、G：150、B：150），描边效果如图7-201所示。

图 7-200　矩形　　　　　　　　　　　　　　　　图 7-201　描边

（4）选择"椭圆工具"，颜色设置为黑色，在画布上画一个同心圆，如图7-202所示。选中"从形状区域减去"选项，在圆心处挖出一个小一点的同心圆，如图7-203所示。使用相同方法绘制出图7-204所示的形状。

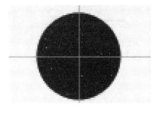
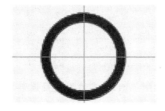

图 7-202　黑色圆　　　　　　图 7-203　同心圆　　　　　　图 7-204　效果

（5）选择"矩形工具"，选中"交叉形状区域"选项，交叉绘制出WiFi信号形状，如图7-205所示。

（6）选择"钢笔工具"，绘制模式为"形状"，设置颜色为黑色，在画布顶端绘制一个箭头形状，如图7-206所示。

（7）选择"椭圆工具"，在状态栏中绘制一个黑色的同心圆，如图7-207所示。使用"矩形工具"，按住Alt键在圆心处分别挖出时钟和分针，如图7-208所示。选择"椭圆工具"，选中"重叠形状区域除外"选项，在圆形上边添加闹铃形状，如图7-209所示。

图 7-205　信号图标　　　　　图 7-206　箭头形状　　　　　图 7-207　同心圆

（8）选择"圆角矩形工具"，圆角半径值设置为2px，在画布上绘制一个圆角矩形，如图7-210所示。

图 7-208　时针分针　　　　　图 7-209　闹铃　　　　　　　图 7-210　圆角矩形

（9）选择图层样式"描边"，并设置相关参数，将图层的填充值设置为0％，效果如图7-211所示。

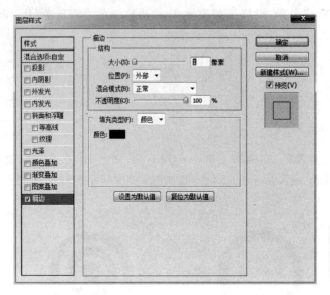

图 7-211　参数设置及效果

（10）选择"椭圆工具"，设置颜色为黑色，在圆角矩形右侧绘制一个椭圆形状，如图7-212所示。选择"矩形工具"，选中"从形状区域减去"选项，减去椭圆左侧的部分，得到如图7-213所示效果。

（11）选择"矩形工具"，设置颜色为绿色（R：75、G：215、B：100），在圆角矩形内绘制一个矩形，如图7-214所示。

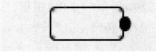

图 7-212　椭圆　　　　　　图 7-213　从形状区域减去　　　　　图 7-214　绿色矩形

（12）使用相同方法制作余下的状态栏，完成效果如图7-215所示。

（13）使用"直线工具"和"文字工具"，制作完整的顶部菜单，效果如图7-216所示。

图 7-215　状态栏　　　　　　　　　　　图 7-216　顶部菜单

（14）选择"矩形工具"，设置颜色为白色，在画布上画一个矩形，并添加图层样式"描边"，将描边值设置为1px，效果如图7-217所示。

（15）选择"圆角矩形工具"，圆角半径值设置为35px，颜色设置为蓝色（R：45、G：160、B：255），在画布上画一个圆角矩形，如图7-218所示。

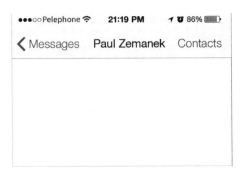

图 7-217 描边矩形

图 7-218 圆角矩形

（16）选择"钢笔工具"，选中"添加到形状区域"选项，在圆角矩形的右下角绘制一个尖角，如图 7-219 所示。

（17）导入一张图片素材，将图片放置在圆角矩形图层上面，右击选择"创建剪贴蒙版"，得到如图 7-220 所示的效果。

图 7-219 钢笔工具

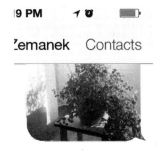

图 7-220 剪贴蒙版

（18）使用上述同样的方法，在画布上再绘制两个圆角矩形，并使用"钢笔工具"对圆角矩形进行编辑，效果如图 7-221 所示。

图 7-221 圆角矩形聊天框

（19）选择"文字工具"，打开字符面板，并对相关数值进行设置，在画布上添加相关文字，如图 7-222 所示。

（20）选择"矩形工具"，颜色设置为浅灰色（R：240、G：240、B：240），在画布上画一个矩形，如图 7-223 所示。

（21）选择"圆角矩形工具"，圆角半径值设置为 10px，颜色设置为白色，在灰色矩形上绘制一个圆角矩形，如图 7-224 所示。

（22）选择图层样式"描边"，并设置相关参数，得到如图 7-225 所示的效果。

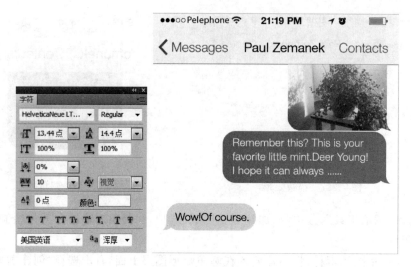

图 7-222　添加文字

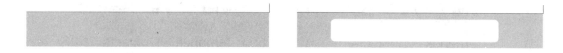

图 7-223　矩形　　　　　　　　　　　　　　图 7-224　圆角矩形

（23）选择"文字工具"，输入相关文字，效果如图 7-226 所示。

（24）添加相机（制作方法可参考"锁屏界面中相机的制作"），得到如图 7-227 所示的效果。

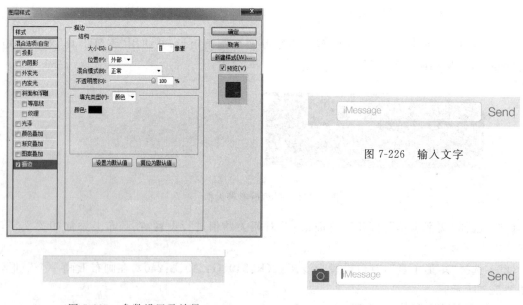

图 7-226　输入文字

图 7-225　参数设置及效果　　　　　　　　　图 7-227　添加相机效果

（25）选择"矩形工具"，设置颜色为灰色（R：217、G：230、B：230），在画布上画一个矩形，如图 7-228 所示。

（26）选择"圆角矩形工具"，圆角半径值设置为 8px，设置颜色为白色，在画布上画一个圆角矩形，如图 7-229 所示。

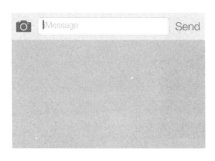

图 7-228 矩形

图 7-229 圆角矩形

（27）选择图层样式"投影"，并设置相关参数，如图 7-230 所示。选择"移动工具"，按住 Alt 键拖动复制出一个圆角矩形，并适当调整其位置，如图 7-231 所示。使用相同方法复制调整出全部按键，并适当更改部分圆角矩形的颜色，得到如图 7-232 所示的效果。

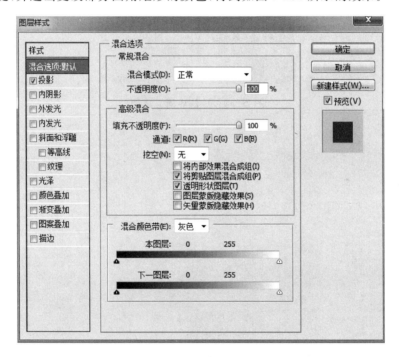

图 7-230 参数设置

图 7-231 复制拖曳

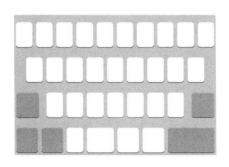

图 7-232 全部按键效果

（28）使用"文字工具"、"形状工具"，完成键盘余下部分的制作，最终完成效果如图7-233所示。

图7-233　短信界面完成图

参 考 文 献

［1］ 罗仕鉴，朱上上.用户体验与产品创新设计.北京：机械工业出版社，2010.
［2］ 周徙.UI进化论：移动设备人机交互界面设计.北京：清华大学出版社，2010.
［3］ Jesse James Garrett.用户体验的要素——以用户为中心的 Web 设计.范晓燕，译.北京：机械工业出版社，2008.
［4］ 腾讯公司用户研究与体验设计部.在你身边，为你设计——腾讯的用户体验设计之道.北京：电子工业出版社，2013.
［5］ Jeff Johnson.认知与设计理解 UI 设计准则.张一宁，译.北京：人民邮电出版社，2011.
［6］ 崔勇，杜静芬.艺术设计创意思维.北京：清华大学出版社，2013.
［7］ 虞世鸣.产品创意设计.北京：北京大学出版社，2011.
［8］ 苏杰.人人都是产品经理.北京：电子工业出版社，2014.
［9］ Dan Saffer.交互设计指南.陈军亮，陈媛嫄，李敏，译.北京：机械工业出版社，2010.

图 书 资 源 支 持

感谢您一直以来对清华版图书的支持和爱护。为了配合本书的使用，本书提供配套的资源，有需求的读者请扫描下方的"书圈"微信公众号二维码，在图书专区下载，也可以拨打电话或发送电子邮件咨询。

如果您在使用本书的过程中遇到了什么问题，或者有相关图书出版计划，也请您发邮件告诉我们，以便我们更好地为您服务。

我们的联系方式：

地　　址：北京海淀区双清路学研大厦 A 座 707

邮　　编：100084

电　　话：010－62770175－4604

资源下载：http://www.tup.com.cn

电子邮件：weijj@tup.tsinghua.edu.cn

QQ：883604(请写明您的单位和姓名)

用微信扫一扫右边的二维码，即可关注清华大学出版社公众号"书圈"。

资源下载、样书申请

书 圈